スッキリわかる 化学工学

二井 晋 編著

小林敬幸・向井康人・橋爪 進・衣笠 巧 執筆

Chemical Engineering

裳華房

Chemical Engineering

A Clear Perspective

by

Susumu NII

Noriyuki KOBAYASHI

Yasuhito MUKAI

Sususmu HASHIZUME

Takumi KINUGASA

SHOKABO

TOKYO

JCOPY 〈出版者著作権管理機構 委託出版物〉

まえがき

　私が大学生であった 1980 年代に，クラスの研修旅行で隣国を訪れる機会があった．現地の工場見学と観光に加えて大学を訪問した際の，化学工学を学ぶ同年代の大学生との交流が強く印象に残っている．どんな教科書を使っているかが話題に上り，彼らは英語で書かれた化学工学の原著を使っていた．我々が母国の言葉で書かれた教科書を使っていることを話すと，彼らからたいそう羨ましがられた．この体験は，日本語の教科書で学ぶことが当然と思っていた私にとって衝撃であると同時に，学問としての化学工学の若さ，を知る機会となった．物理や化学と比べると教科書の種類は少ないけれど，日本語の教科書で学べることは，先人たちの知の財産を少ない労力で受け継ぐことができる，ありがたいことと気づかされた．

　現代では，様々な情報に容易にインターネットでアクセスすることができる一方で，情報の質の判断はユーザーに任されている．我々は，できる限り質の高い情報を届けたいという思いで執筆を進めてきた．化学工学という学問は物理化学の基本である「保存則」「平衡」「速度論」が背骨のように貫いていることを自然に理解できるように平易に執筆した．初めて化学工学を学ぶ人にとって，すっきりと理解できた，という思いと，化学工学の本質に触れた，という思いを共有できれば望外の喜びである．

　化学工学のユニークさのひとつは視点の自由度で，部分から全体を見渡す一方で，全体から部分を精査することもできる．もうひとつは速度の視点で，現象がどの速さで起こるのかに注意をはらい，現象全体の速度を決める段階はどこか，を知ることに力を注ぐことにある．

　この本を手にしていただいた読者の皆様が，化学工学の知の海を楽しむきっかけになれば幸いである．本書はもとより一人で書くことなどできず，共著者の方々の他大なご協力をいただいた．また編集部の小島敏照氏には大変お世話になった．著者を代表して感謝申し上げる．

2024 年 10 月

二井　晋

目　次

第1章　化学工学とは

1.1　単位と次元 …………………………… 1
1.2　収支と収支式を書くための準備 ……… 3
　1.2.1　三つの基本操作 …………………… 3
　1.2.2　混合物の組成，濃度と流量 ……… 4
1.3　収支の計算の手順 …………………… 5
1.4　物理的操作の収支 …………………… 5

1.4.1　収支をとるコツとしての手がかり物質 …… 6
1.4.2　熱エネルギーの収支 ………………… 7
1.5　反応を伴う操作の収支 ……………… 8
1.6　時間とともに変わる量を予測するための収支
　　　　　　　　　　　　　　　　………… 11
演習問題 …………………………………… 13

第2章　熱・物質・運動量の移動現象と流束

2.1　移動現象と流束 ……………………… 14
　2.1.1　熱流束 ……………………………… 15
　2.1.2　物質移動流束 ……………………… 16

2.1.3　運動量流束 ………………………… 18
2.2　熱・物質・運動量移動のアナロジー ……… 21
演習問題 …………………………………… 23

第3章　伝　熱

3.1　伝導伝熱（熱伝導）…………………… 25
3.2　フーリエの法則 ……………………… 25
　3.2.1　フーリエの式 ……………………… 25
　3.2.2　熱伝導率 …………………………… 25
　3.2.3　無限平板内の熱伝導 ……………… 26
3.3　対流伝熱 ……………………………… 29
　3.3.1　境界層と対流伝熱 ………………… 29
　3.3.2　管内流れにおける流体温度 ……… 31
　3.3.3　熱伝達相関式 ……………………… 31

3.4　放射伝熱 ……………………………… 32
　3.4.1　熱放射 ……………………………… 33
　3.4.2　放射率（射出率）………………… 34
　3.4.3　キルヒホッフの法則 ……………… 35
　3.4.4　物体間の放射伝熱 ………………… 35
3.5　熱交換 ………………………………… 37
　3.5.1　熱通過抵抗，熱通過率 …………… 37
　3.5.2　熱交換器 …………………………… 38
演習問題 …………………………………… 41

第4章　流　動

4.1　流体流れの基礎 ……………………… 43
　4.1.1　流体流れの基礎 …………………… 43
　4.1.2　ニュートンの粘性法則 …………… 43
　4.1.3　層流と乱流 ………………………… 45
4.2　円管内の流動 ………………………… 47
　4.2.1　連続の式 …………………………… 47
　4.2.2　ベルヌーイの式 …………………… 47

4.2.3　円管内の層流流動 ………………… 48
4.2.4　円管内の乱流流動 ………………… 50
4.3　流体の流速測定 ……………………… 52
　4.3.1　オリフィスメータ ………………… 52
　4.3.2　流体の圧力差測定のためのマノメータ … 53
演習問題 …………………………………… 54

第5章　反応工学入門

5.1　化学反応と反応操作の分類 ………… 56

5.1.1　化学反応の分類 …………………… 56

iv

5.1.2 反応器の分類と特徴 ·············· 57	**5.4.1** 反応器の物質収支 ·············· 67
5.2 化学反応の反応率と量論関係 ·········· 59	**5.4.2** 回分反応器の設計 ·············· 68
5.3 反応速度 ·············· 62	**5.4.3** 連続槽型反応器の設計 ·········· 69
5.3.1 反応速度の定義 ·············· 62	**5.4.4** 管型反応器の設計 ·············· 71
5.3.2 反応速度式の導出 ·············· 63	**5.4.5** 反応器の性能比較 ·············· 73
5.3.3 反応速度定数とその温度依存性 ········· 66	**5.4.6** 自触媒反応の反応器最適化 ······ 73
5.4 代表的な反応器の設計 ·············· 67	演習問題 ·············· 75

第6章 蒸 留

6.1 気液平衡 ·············· 77	**6.2.3** 蒸留塔の所要理論段数の決定 ······ 84
6.2 単段連続蒸留の操作と設計 ·········· 80	**6.2.4** 最小還流比と最小理論段数 ······ 86
6.2.1 連続多段蒸留の原理 ·············· 81	演習問題 ·············· 87
6.2.2 操作線と q 線 ·············· 82	

第7章 ガス吸収

7.1 ヘンリーの法則 ·············· 88	**7.4** 充填塔の物質収支と操作線 ·········· 91
7.2 吸収速度 ·············· 89	**7.5** 塔高の決定 ·············· 93
7.3 二重境膜説 ·············· 90	演習問題 ·············· 96

第8章 流体からの粒子分離

8.1 粒子の大きさと粒子径分布 ·········· 97	**8.3** 流体からの連続的な粒子分離 ········ 104
8.1.1 粒子の大きさ―代表粒子径― ········ 97	**8.4** ろ過操作 ·············· 105
8.1.2 粒子径分布と平均粒子径 ·········· 99	演習問題 ·············· 109
8.2 流体中での単一粒子の挙動 ·········· 102	

第9章 プロセス制御

9.1 プロセス制御とは ·············· 111	**9.10** PID 制御 ·············· 122
9.2 望ましい制御とは ·············· 112	**9.11** PID 制御の各動作 ·············· 123
9.3 フィードバック制御 ·············· 113	**9.11.1** 比例動作 ·············· 123
9.4 微分方程式によるプロセスの動特性の表現 ·············· 114	**9.11.2** 積分動作 ·············· 124
	9.11.3 微分動作 ·············· 124
9.5 ラプラス変換と伝達関数 ·········· 115	**9.12** PID 動作による制御 ·············· 125
9.6 1次遅れ系 ·············· 119	**9.12.1** 比例動作のみによる制御 ········ 125
9.7 むだ時間 ·············· 119	**9.12.2** PI 動作 ·············· 126
9.8 1次遅れ + むだ時間系 ·········· 120	**9.12.3** PID 動作 ·············· 127
9.9 ブロック線図の等価交換 ·········· 121	演習問題 ·············· 127

参考書······129／演習問題解答······130／索 引······141

目　次

Column

『移動現象論 Transport Phenomena』…………… 24

ノート PC やスマホを上手に冷やすには ……… 42

ゆく川の流れは絶えずして… ……………… 55

水素社会実現のための反応工学 ……………… 76

蒸留は分離技術の要 …………………………… 87

カーボンニュートラルとガス吸収 ……………… 96

ファインバブルという小さな泡の力 ………… 110

制御が活躍するロボット・自動運転と化学工業

……………………………………………… 128

化学工学とは

　化学工学 (chemical engineering) という耳慣れない学問は，我々のまわりで起こる現象を理解して操作することに役立っている．化学工学の知識を使えば，良質な製品を少ない資源量で生み出す方法，廃棄物による環境負荷を減らす方法を見つけられる．

　化学工学の考え方は分子や細胞のふるまいから宇宙技術に至るまで応用範囲があまりに広く，学問の本質を一言で表現しづらいこと，現象の変化を記述するための数式を用いることから，一見すると難しそうに見える．ところが学習を進めると，化学工学の基本はとてもシンプルで，「保存則」，「平衡」と「速度論」が，反応，移動現象から制御に至るまで背骨のように貫かれていることに気づき，その応用の幅広さに驚くだろう．例えば，水に落としたインクの広がりと温度センサーの応答速度は同じ原理で支配されている．原理に基づく考え方を数式で書き表せば，何をどれだけ操作すれば目的の製品を所定の量で得られるか，がわかる．「方法の学問」とも呼ばれる化学工学とは，どのようなものか見てみよう．

1.1　単位と次元

　化学のものづくりでは，物質にエネルギーを加えたり取り去ったりして物質の状態を変化させる．そのため，決められた量の物質にある量のエネルギーを加えたとき，どれだけの物質がどのように変化するかを把握する必要がある．このために，**物理量** (physical quantity) と呼ばれる量を用いる．

　物理量は我々が慣れ親しんでいる量で，1 kg とか，100 円や 2000 m などのように，数値と**単位** (unit) の積である．すべての人が理解できる特定の基準量を定め，測定された量が基準量の何倍であるかを数値で表し，単位として基準量に名前をつけたものを掛けてつくられている．

　単位には基本となる質量，長さ，時間などの**基本単位** (base units) と，これらを組み合わせた速度，面積，力などの**誘導単位** (derived units) がある．例えばアメリカでは，長さや重さの単位としてマイルやポンドなど日本と異なるものが使われている*．この違いは**単位系** (unit system) と呼ばれる単位の仕組みが国によって異なることによる．科学ではこのような不便を避けるため**国際単位系** (**SI**) が用いられる．SI では，熱量を表すジュールのような実用的な単位を基本単位の組み合わせで表現することができ，大きさを表す接頭語を用いることが許されている．天気予報で使われるヘクトパスカル (hPa) とは 10^2 Pa の

* 1マイル ≒ 1609 m, 1ポンド ≒ 0.45 kg

国際単位系 SI
　SI：Système International d'unités. フランスの発案なのでフランス語で表記されることが多い．英語では International System of Units となる．

SI 接頭語の例

大きさ	名称	記号
10^{-12}	ピコ	p
10^{-9}	ナノ	n
10^{-6}	マイクロ	μ
10^{-3}	ミリ	m
10^{3}	キロ	k
10^{6}	メガ	M
10^{9}	ギガ	G
10^{12}	テラ	T

ことで，約 1013 hPa は 1 気圧に等しい．1013 hPa は 101.3 kPa もしくは 0.1013 MPa と表すこともできる．以下に代表的な単位の表記ルールを示す．

1) 物理量の数値と単位の間には半文字分の空白を入れる．
2) 複合単位記号の積は，半文字分の空白を入れるか，中黒（·）を用いる．商は負のべき数（$^{-1}$）または斜線で表す．

等式の両辺では単位が同じなので，単位を手がかりとすれば計算や立式の正しさを確かめられる．以降の章では多様な物理量が記号を伴って登場する．例えば，物質の移動しやすさを表す物質移動係数 k という量が，物質を移動させる推進力の種類を表す添字を伴って，k_L [m s^{-1}] や k_G [mol m^{-2} s^{-1} Pa^{-1}] のように書かれる*．また，記号の意味も化学工学の分野により異なることがある．上記の k は第 5 章では反応速度定数という全く異なる物理量でも使われる．

* ここで添字 L は液体（liquid），G は気体（gas）を表す．

このような記号の意味の違いは学習者を大いに困らせるが*，歴史的な慣例もあり簡単には改まらない．そこで，学習者には自分がいま扱っている物理量がどんな意味をもつのか，常に確かめるクセをつけてほしい．

* 他に典型的な例としては伝熱量の Q [W] と体積流量の Q [m^3 s^{-1}] などがある．

単位系によらず，基本量の単位のうち長さを L，質量を M，時間を T で表すと，多様な物理量の単位はこれらを組み合わせた [L^{a}M^{b}T^c] のように書ける．これを**次元式**（dimensional formula）と呼び，指数 a, b, c を**次元**（dimension）という．理論に基づいて現象を表す式を組み立てれば次元は健全，つまり式の両辺で次元が等しくなる．理論的な式の組み立てが難しい場合には，現象に影響を及ぼす，流速や装置の大きさといった因子の関係を，次元が健全な実験式としてまとめて設計に役立てる．化学工学の便覧や教科書では代表的な装置や操作の実験式がまとめられている．

実験式について
円管内の乱流中への管壁からの熱伝達係数 h [W m^{-2} K^{-1}] を求める実験式
$$\mathrm{Nu} = 0.023\, \mathrm{Re}^{0.8}\, \mathrm{Pr}^{1/3}$$
ここで
$$\mathrm{Nu} = \frac{hx}{\lambda},\ \mathrm{Re} = \frac{\rho L v}{\mu},\ \mathrm{Pr} = \frac{C_p u}{\lambda}$$
λ は流体中の熱伝導率 [W m^{-1} K^{-1}]
C_p は定圧比熱 [kJ kg^{-1} K^{-1}]
x は円管内径 [m]

実験式では**無次元数**（dimensionless number）と呼ばれる，物理量を組み合わせた量で次元をもたない，ひとまとまりの量が用いられる．無次元数は単なる物理量の組み合わせではなく，現象に関わる意味をもつ量の比となっている．最もよく使われる無次元数に**レイノルズ数**（Reynolds number；Re）がある．この数は流体の流速 v [m s^{-1}]，密度 ρ [kg m^{-3}]，粘度 μ [Pa s^{-1}] と代表長さ L [m] の物理量が

$$\mathrm{Re} = \frac{\rho L v}{\mu} \tag{1.1}$$

として表されたもので，分子は流体の慣性力，分母は粘性力の意味をもち，レイノルズ数の値は，流れの状態の指標として役立つ．円管内を流れる流体のレイノルズ数が 2300 以下では乱れの少ない層流で，

レイノルズ数
レイノルズ数は Osborne Reynolds に由来している．レイノルズは円管内の液体の流れが層流から乱流へと移り変わる条件の実験を行い，結果を整理した．

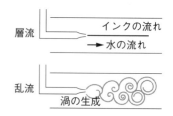

2300より大きいと乱流となる*．レイノルズ数を使えば流れの状態判定が，管の直径が1ミリメートルでも10メートルでも同じ方法で可能である．無次元数の利点は現象のスケールを選ばないことにある．

1.2　収支と収支式を書くための準備

収支（balance）とは，ある空間に出入りする物質量やエネルギー量の速度，つまり単位時間あたりの移動量が，その空間で生成，消滅あるいは蓄積する速度とバランスする，というシンプルな関係である．単純でありながら，現象を表す数式の基礎であり，現象全体に対して各部分がどれだけ関わっているかを教えてくれる．

空間*への物質とエネルギーの流れは保存則によって支配されているので，物質収支とエネルギー収支は，核反応や相対性理論が問題になる場合を除いて常に成立する．植物細胞への酸素の出入り，植物体による二酸化炭素の固定，地球規模での二酸化炭素の蓄積も収支で書き表すことができる．収支は現象の定量化のための化学工学における最も大きな武器である．

ある空間に物質とエネルギーが出入りする場合の最もシンプルな**収支式**（balance equation）は

$$[流入速度] - [蓄積速度] = [流出速度] \quad (1.2)$$

と書ける．それでは，化学工学で扱う装置について収支を考えよう．

1.2.1　三つの基本操作

化学工学で用いられる装置を運転する方法は次の三つに分類される（図1.1）．

回分操作（batch operation）：フラスコ中で行われる化学反応のように，装置に原料を仕込んだ後に所定の温度や圧力のもとで所定時間反応させて取り出す操作．

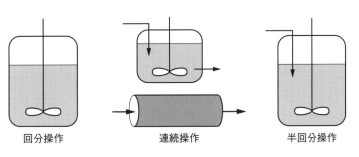

図1.1　三つの代表的な操作の概念

---

* レイノルズ数については4.1.3項で詳しく説明する．

その他の代表的な無次元数

ヌッセルト数	Nu	$\dfrac{hL}{\lambda}$
シャーウッド数	Sh	$\dfrac{k_m L}{D}$
プラントル数	Pr	$\dfrac{C_p u}{\lambda}$
シュミット数	Sc	$\dfrac{\mu}{\rho D} = \dfrac{\nu}{D}$

h：熱伝達係数，L：代表長さ
λ：熱伝導率，k_m：物質移動係数
ρ：流体密度，μ：流体粘度
D：拡散係数，u：流体速度
$\nu = \dfrac{\mu}{\rho}$：動粘度

* この空間とは大きさの大小を問わない．囲み，ととらえてもよい．

収支の概念図

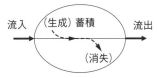

核反応における質量増減
　核反応で物質収支が成立しない例の一つはウラン235（^{235}U）の核分裂反応で，反応後の質量は反応前の質量に比べて小さくなる．減った質量は熱エネルギーとして放出される．この反応は原子力発電に利用される．

収支式の考え方
　空間を預金口座と考えると，流入速度は給料X［円 月$^{-1}$］，流出速度は支出Y［円 月$^{-1}$］，蓄積速度は残高Z［円 月$^{-1}$］となる．量としてのお金の収支感覚に時間というスパイスを加えることで，速度という実感が得られると思う．

回分操作の実例
・医薬品製造
　ペニシリンの生産では，培養槽に微生物と栄養源を入れて，一定期間培養して内容物を取り出す．
・食品の製造
　ピザを窯で焼くには，原料を入れて焼けた後に取り出す．

第1章　化学工学とは

　連続操作（continuous operation）：原料を装置に連続的に流通させて製品を得る操作．例えば温水シャワーで適温にするため，冷水と湯を一定の流量で供給して混合させる操作．

　半回分操作（semibatch operation）：酒造りのように，タンク内の酵母に栄養分の糖や呼吸のための酸素を連続的に供給しつつ，液を取り出さずに発酵させ，所定時間後に供給を止めてタンクから製品を抜き出す操作．物質が流入するのみで流出させない，あるいは流入なしで流出させる操作*．

1.2.2　混合物の組成，濃度と流量

　装置を流れる気体や液体は複数の物質の混合物であり，反応や分離の前後で**組成**（composition）が変わるので，組成の表し方を学ぶ．組成は全体量に対する着目成分量の割合を表す**分率**（fraction）と**百分率**（percentage）で表される．量の表し方には**モル**（mole），**質量**（mass），**体積**（volume）の三種があり，いずれも以下の式で書かれる．

$$分率 ＝（着目成分量）/（混合物全量） \tag{1.3}$$

$$百分率 ＝（着目成分量）/（混合物全量）× 100 [\%] \tag{1.4}$$

　単位について，モル分率，質量分率，体積分率のいずれも無次元[－]であるが，百分率では質量なのか体積なのか，一見してわからないので特に注意すべきである．一般に，固体または液体の混合物に対して，特に断りがなく % で示される場合には質量百分率（wt%）であり，気体混合物の組成が % で表されている場合には体積百分率（vol%）である．モル百分率の場合には mol% と書かれることが多い．文脈に注意して正しい定義を選択してほしい*．

　混合物の組成には上記の分率とともに**濃度**（concentration）が用いられる．広くとらえれば分率も濃度の一つの表現であり，液体混合物ではよく体積濃度が使われる．これは，混合物の単位体積中に含まれる着目成分の質量あるいは**物質量**（mole；モル数）で，以下の式で表される．

$$体積濃度 ＝ \frac{着目成分の物質量，質量もしくはモル数}{混合物単位体積} \tag{1.5}$$

体積濃度の単位として $kg\,m^{-3}$ もしくは $mol\,m^{-3}$ が用いられることが多い．

　ある空間へ流入と流出する量の速度は流量で表され，単位時間あたりに流れる混合物の全量あるいは着目成分の量として，質量流量，体積流量，モル流量が使われる．一般に単位時間として秒が選ばれ，単位はそれぞれ $[kg\,s^{-1}]$，$[m^3\,s^{-1}]$，$[mol\,s^{-1}]$ である．これらの流量に

連続操作の実例
・牛乳の殺菌では，生乳を急速に加熱・冷却し，殺菌された牛乳を生産している．
・水処理では，原水に薬剤を連続的に添加して飲用水を得ている．

* 回分操作，連続操作，半回分操作については，第 5 章「反応工学入門」で詳しく解説する．

* 気体の混合物では，体積百分率（vol%）とモル百分率（mol%）は等しい．気体のモル数はその気体の占める体積に比例するためである．

4

は以下に示す相互関係があり，単位を乗除して考えるとわかりやすい．

質量流量 [kg s^{-1}] = （密度 [kg m^{-3}]）（体積流量 [m^3 s^{-1}]）
　　　　　　　　　= （モル質量 [kg mol^{-1}]）（モル流量 [mol s^{-1}]） (1.6)

モル流量 [mol s^{-1}] = （モル濃度 [mol m^{-3}]）（体積流量 [m^3 s^{-1}]） (1.7)

1.3　収支の計算の手順

これまでの学習で収支式を立てるための準備ができた．収支を考える前提は，ある空間に出入りする量があり，それらを定めることである．流入量や流出量を矢印でイメージすれば，ある空間を四角い箱で描き，矢印を加えることでフローチャートやブロック図と呼ばれる図をつくることができる．このように，物質やエネルギーの流れを図に表すことで，部分での流れと全体の流れを可視化できる．

1) 収支をとるにはフローチャートに「囲み」を描いて，収支をとるべき空間を定める．これは非常に重要で，囲みの大きさは必要に応じて変えてよい．小さくとれば部分収支，大きくとれば全体収支を考えることができる．
2) 既知量と未知量を明確にする．囲みに出入りする量のうち，既知量には数値を記入し，未知量を記号で表す．
3) 基準を明確にする．回分操作では1回の操作である1バッチや*，連続操作では例えば 100 mol h^{-1} の原料などである．
4) 手がかり物質を見つける†．未知数が増えて収支式が複雑になる場合，囲みに流入する物質のうち変化せずに流出する物質があり，この物質に着目すれば計算が簡単になることがある．例えば，湿り固体の乾燥では，固体の水分量は流出入で変化するが，乾き固体量は乾燥の前後で不変である．燃焼において，空気中の窒素量は燃焼の前後で変化しない．これらの例における乾き固体や窒素が手がかり物質である．

1.4　物理的操作の収支

化学工学で扱う操作は，大きく分けて化学反応のある化学的操作と，蒸発，伝熱や混合のように，反応を伴わず熱や物質の流れを操作する物理的操作に分けられる．反応による消費がなく，定常状態であれば蓄積もない．

ブロック図とブロック線図の違い
　フローチャートやブロック図は，工程などのシステムの構成要素の関係や動作を表す図で，その例は例題1.4や例題1.5に示すものである．一方，本書の第9章で学ぶ，自動制御系での信号伝達の様子を表す図はブロック線図と呼ぶ．

収支をとる場合の囲みのイメージ：アンモニア合成プロセス
　矢印は物質の流れを示し，三つの装置を物質が流れている．収支をとるために，破線と一点鎖線の2種類の囲みを設定でき，それぞれの囲みでは流入する量と流出する量がバランスしている．

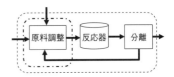

* バッチとは回分を表す英語の batch を表している．1.2.1項の回分操作参照．

† 手がかり物質については 1.4.1項でも説明する．

定常状態
　「囲み」の中の温度，濃度などの物理量が時間とともに変わらない状態．

未知の物理量を求める一般的な方法は，基準を定めて未知数を含む収支式を書き，連立方程式を解いて未知数を求める方法である．さまざまな状況における収支の考え方と具体例について，例題を中心として学習を進めよう．

【例題 1.1】食酢は酢酸（CH_3COOH）を 4 wt% 含み，密度が 1020 kg m^{-3} の混合物である．単純化のために食酢を水と酢酸の混合物として，酢酸のモル濃度とモル分率を求めよ．モル質量：CH_3COOH 126 g mol^{-1}，H_2O 18 g mol^{-1}

【解】この問いでは未知数を用いる代わりに基準量をとると解きやすい．100 kg の食酢を考える．このように混合物の量を仮定して基準とする．

この食酢の体積は $(100 \text{ kg}) / (1020 \text{ kg m}^{-3}) = 0.098 \text{ m}^3$

含まれる酢酸質量は $(100 \text{ kg})(0.04) = 4 \text{ kg}$，水の質量は $(100 \text{ kg})(1 - 0.04) = 96 \text{ kg}$

酢酸モル濃度は $\dfrac{\text{酢酸のモル数}}{\text{食酢体積}} = \dfrac{(4000)/(126)}{(0.098)} = 324 \text{ mol m}^{-3}$

酢酸モル分率は $\dfrac{\text{酢酸のモル数}}{\text{食酢の全モル数}} = \dfrac{(4000)/(126)}{(4000)/(126) + (96000)/(18)} = 0.006$ ∎

例題 1.1

酢酸 4 wt%
密度 1020 kg m^{-3}

1.4.1 収支をとるコツとしての手がかり物質

湿った固体の乾燥は工業で広く行われ，水の蒸発にエネルギーを要するため，加熱量をできるだけ小さく抑えたい．加熱量は除くべき水分量で決まるが，湿った固体量をもとにして水分量を表すと，乾燥前後で湿り固体量が変わり計算が複雑になる．そこで，乾燥前後で変わらない乾き固体量を基準とすれば計算を簡単にできる．例えば 1.3 節の 4) で述べたように，操作の前後で変化しないこのような物質を**手がかり物質**と呼び，ここでは乾き固体がそれに相当する．湿ったスポンジを乾かすとき，乾きスポンジの質量は乾燥前後で変わらず，水の量だけが変わる，と考える（図 1.2）．

手がかり物質

化学工学の分野では，この手がかり物質の考え方をよく使う．上述の燃焼における窒素の他にも，第 7 章で学ぶ，液体にガスを吸収させるガス吸収では，吸収されないガス成分を不活性ガスと呼び，手がかり物質としている．

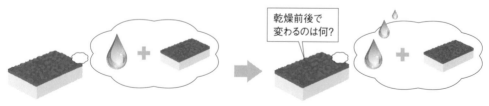

図 1.2 湿り固体としてのスポンジの乾燥での乾き固体と水分量の考え方

【例題 1.2】水分を 40 wt%含む木粉を 1 時間あたり 100 kg 乾燥機に送り，水分 5 wt%の製品を生産したい．

1) 水分を 40 wt%含む木粉の水分量を乾量基準 [kg-水 kg-乾き固体$^{-1}$] で表せ．
2) 除くべき水の量 [kg-水 h^{-1}] を求めよ．製品の生産量 kg-湿り固体 h^{-1} を求めよ．

例題 1.2

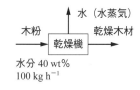

【解】基準として 1 時間あたりで考える．水分 50 wt%の木粉 100 kg は，水分量 (100)(0.4) = 40 kg，乾き固体量 (100)(1 − 0.4) = 60 kg である．乾量基準の水分量は (40)/(60) = 0.67 kg-水 kg-乾き固体$^{-1}$ である．

製品に含まれる水分量を x kg とすれば，乾き固体 60 kg なので，製品としての湿り固体量は $(60 + x)$ kg である．水分 5 wt%なので $(0.05)(60 + x) = x$，これを解いて $x = 3.2$ kg，除くべき水量は 1 時間あたり 40 − 3.2 = 36.8 kg，製品量は 60 + 3.2 で 63.2 kg． ■

1.4.2 熱エネルギーの収支

エネルギーの効率的な利用はものづくりの重要な課題である．工場では加熱量の省エネを目的として，低温流体に別の高温流体から熱だけを移動させるためや，牛乳の殺菌処理を連続的に短時間加熱で行うために，水蒸気のもつ熱だけを加える装置として**熱交換器**(heat exchanger) が広く使われている*．蒸留の化学実験で，蒸気を冷やすために使うリービッヒ冷却器も熱交換器である（**図1.3**）．

* 熱交換器は 3.5.2 項で詳しく説明されている．

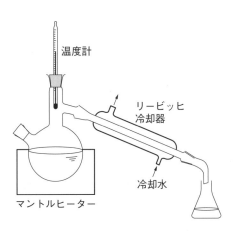

図1.3　単蒸留の装置

ここでは，二重管型熱交換器での熱収支を考える．多くの二重管型熱交換器は**図1.4**に示す構造で，材質は高い熱伝導率をもつ銅などの金属である．高温流体*と低温流体が壁を隔てて流れるので，二つの流体は混ざり合わずに，熱だけが高温流体から低温流体に移動する．

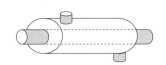

図1.4　二重管型熱交換器の概略図

* 流体とは気体と液体を合わせた総称である．

第 1 章 化学工学とは

外部への熱損失がないとすれば，高温流体が失った熱量と低温流体が得た熱量は等しく，その熱量 $Q\,[\mathrm{J\,s^{-1}}]$ は次式で表される．

$$Q = C_{ph}W_h(T_{h1} - T_{h2}) = C_{pc}W_c(T_{c2} - T_{c1}) \qquad (1.8)$$

ここで，C_p は流体の定圧比熱 $[\mathrm{J\,kg^{-1}\,K^{-1}}]$，$W$ は流体の質量流量 $[\mathrm{kg\,s^{-1}}]$，T は流体の温度を表す．添字の h は高温流体，c は低温流体を表し，1, 2 は入口と出口をそれぞれ表す．

【例題 1.3】 熱交換器を用いて，流量 $60\,\mathrm{kg\,min^{-1}}$，393 K の食用油を 313 K まで冷却したい*．冷却には水を用いて入口温度 288 K，出口温度を 298 K で運転する場合，必要な冷却水の流量を求めよ．食用油の定圧比熱を $2.10\,\mathrm{kJ\,kg^{-1}\,K^{-1}}$，水の定圧比熱を $4.19\,\mathrm{kJ\,kg^{-1}\,K^{-1}}$ とする．ただし，熱損失はないものとする．

【解】 冷却水の流量 $[\mathrm{kg\,s^{-1}}]$ を W とおく．食用油流量の単位を換算する．$60/60 = 1.0\,\mathrm{kg\,s^{-1}}$.

熱損失がないので，熱収支として

(高温流体が失った熱量) ＝ (低温流体が得た熱量)

が成立する．左辺は $(1.0)(2.10)(393 - 313) = 168\,\mathrm{kJ\,s^{-1}}$，右辺は $W(4.19)(298 - 288) = 41.9\,W\,[\mathrm{kJ\,s^{-1}}]$ なので，左辺 ＝ 右辺の式を解いて $W = 4.01\,\mathrm{kg\,s^{-1}}$. ■

> * ここでの温度は熱力学温度（絶対温度ともいう）であり，単位はケルビン K が用いられている．一般的に用いられる摂氏温度の単位の ℃ とは刻み幅は同じで，基準となる温度が異なる．0 ℃ ≒ 273 K（正確には 273.15 K）である．

> 化学工学で用いる比熱
> 比熱には定圧比熱と定容比熱があるが，化学工学ではほぼ定圧比熱を用いる．化学プロセスが定圧で運転されることが多いためであろう．

1.5 反応を伴う操作の収支

目的物質をつくるため，化学反応が反応器と呼ばれる管型や槽型の装置で行われる．核反応を除く反応では質量保存の法則が成り立つので，反応器に供給される原料（反応器入口）と出口での物質の間で収支をとることができる．反応器の中で生じる反応での物質量の関係を表したものが**化学量論式**（stoichiometric formula）で，反応が一つの量論式で書かれる場合を**単一反応**（single reaction），複数で書かれる場合を**複合反応**（multiple reaction）と呼ぶ．

反応を行う際には，原料を化学量論量だけ供給することはほとんどなく，いくつかの成分を量論量より多く加え，反応に関わらない溶媒や希釈剤といった不活性成分を含めて供給することが普通である*．

反応を伴う収支の問題では，反応に関わるいくつかの用語が用いられる．それらの定義を以下の式で述べる．

$$反応率（転化率）= \frac{反応で使われた着目成分の量}{反応器に供給された着目成分の量} \qquad (1.9)$$

> 化学量論式の例
> $$N_2 + 3H_2 \rightleftharpoons 2NH_3$$

> 複合反応の例
> $$C_2H_2 + H_2 \longrightarrow C_2H_4$$
> $$C_2H_4 + H_2 \longrightarrow C_2H_6$$

> * 触媒反応の一つ，水素化反応では，パラジウム触媒を使用する．反応物を溶かすためにエタノールやトルエンなどの溶媒を用いるが，これらの溶媒は反応には関与しない．

8

$$選択率 = \frac{目的成分を生成するために使われた着目成分の量}{反応で使われた着目成分の量}$$

$$(1.10)$$

$$収率 = \frac{目的成分の生成量}{量論的に到達し得る目的成分の最大生成量} \quad (1.11)$$

ここで，原料中に化学量論比に対して最も小さい比率で含まれる成分を**限定反応成分**（limiting reactant）と呼び，この成分を反応率の基準成分として扱う．

目的物質をつくるために原料を反応させるとき，目的物質だけが生成することは稀で，副生成物ができることが多い．そこで，目的成分を得るための反応の成績を評価するために，収率と選択率の指標が役に立つ．

例えば，多様な化学物質の出発原料として重要なエチレンは，触媒を用いてエタンの脱水素反応でつくられる．このとき，副生成物としてメタンが生成する．

$$C_2H_6 \longrightarrow C_2H_4 + H_2 \quad (1.12)$$
$$C_2H_6 + H_2 \longrightarrow 2\,CH_4 \quad (1.13)$$

式 (1.13) の反応は副反応と呼ばれ，この例では一つの原料から目的生成物と副生成物が生成する反応が並列して生じる**並列反応**（parallel reaction）となっている．

【例題 1.4】 触媒反応器を用いて連続的にエチレンを製造する．原料として，エタン 85 mol％と反応に不活性なガス成分を 15 mol％含むガスを 100 mol min^{-1} で供給し，定常状態にあるとき，出口での成分流量は次のようであった．

エタン（C$_2$H$_6$）　42.5 mol min^{-1}

水素（H$_2$）　37.5 mol min^{-1}

メタン（CH$_4$）　5 mol min^{-1}

不活性ガス　15 mol min^{-1}

1）エタンの反応率を求めよ．

2）出口でのエチレン流量を求めよ．

3）エチレンの収率を求めよ．

4）エチレンの選択率を求めよ．

【解】 1 分あたりの物質量で考えると，原料中のエタン量は $(100)(0.85) = 85\,mol$ である．与えられた条件をスケッチする（**図**）．

1）反応率の定義から

$$\frac{85 - 42.5}{85} = 0.5$$

石油化学の原料としてのエチレン
エチレンは石油化学の出発原料であるため，工場やコンビナートの規模はエチレンの生産能力で表される．本文で示した製法の他にナフサの熱分解があり，日本では後者の製法が多い．

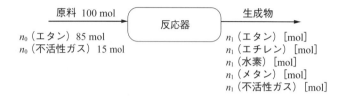

図　エタンを原料とするエチレン製造プロセスの収支

2) 反応したエタン量のうち，エチレンに転化した量を x_A，メタンに転化した量を x_B とすると，$42.5 = x_A + x_B$ である．メタン量が 5 mol なので，化学量論から $2x_B = 5$ となり，$x_B = 2.5$ mol とわかる．$x_A = 42.5 - 2.5 = 40$，したがって 40 mol min^{-1}．

3) エチレン収率を求めるには到達し得る目的成分の最大量を知る必要があり，これは，副反応であるメタンの生成反応がない場合である．したがって

$$\text{エチレン収率} = \frac{\text{エチレンに転化したエタン量}}{\text{副反応がないときの最大のエチレン生成量}} = \frac{40}{85} = 0.47$$

4) エチレン選択率は定義より

$$\text{エチレン選択率} = \frac{\text{エチレンに転化したエタン量}}{\text{反応で使われたエタン量}} = \frac{40}{42.5} = 0.94 \quad ■$$

反応式 A→R→S で表されるように，複数の反応が直列して生じ，目的生成物が中間に生成する場合がある．このような場合を**逐次反応**（consecutive reaction）と呼び，目的生成物を得るために，収率，反応率，選択率のすべてを高くすることが難しいので，目的に応じて条件を設定する必要がある．例えば，エチレンを原料としてエタノールをつくる場合には以下の水和反応を用いる．

$$C_2H_4 + H_2O \longrightarrow C_2H_5OH \qquad (1.14)$$

ところが，副反応として次の反応が進んでジエチルエーテルも生成してしまう．

$$2\,C_2H_5OH \longrightarrow (C_2H_5)_2O + H_2O \qquad (1.15)$$

このようにエタノールは中間の反応生成物となるため，高いエタノール選択率を得るには，条件をうまく設定して反応を行うことが求められる．

【**例題 1.5**】エタノールを製造するため，触媒を充填した反応器*にエチレン，水蒸気，不活性ガスを含む原料ガスを供給した．反応器出口でのガス組成は，エタノール 2.3 mol%，エチレン 43.36 mol%，ジエチルエーテル 0.18 mol%，水蒸気 44.86 mol%，不活性ガス 9.3 mol% であった．反応器出口のガス 100 mol を基準にとり，原料の組成，エチレン反応率，

＊　実験スケールの反応器の写真が 5.4.4 項の側注（p.72）に示されている．

エタノール収率，エタノール選択率を求めよ．
【解】与えられた条件をスケッチする（図）．

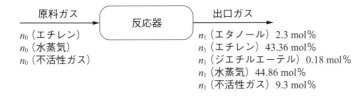

図　エチレンを原料とする逐次反応でのエタノール合成プロセスの収支

基準として出口ガス 100 mol をとる．未知数の取り方をくふうして，反応で消費されたエチレンの物質量を x_1 mol，生成したジエチルエーテルの物質量を x_2 mol として，成分ごとの収支式を書く．

エタノール：$x_1 - 2x_2 = 2.3$

エチレン：$n_0(エチレン) - x_1 = 43.36$

ジエチルエーテル：$x_2 = 0.18$

水蒸気：$n_0(水蒸気) - x_1 + x_2 = 44.86$

不活性ガス：$n_0(不活性ガス) = n_1(不活性ガス) = 9.3$

これを解いて，$x_1 = 2.66$ mol，$n_0(エチレン) = 43.54$ mol，$n_0(水蒸気) = 42.38$ mol，$n_0(不活性ガス) = 9.3$ mol

エチレンの反応率 $= \dfrac{43.54 - 43.36}{43.54} = 0.00413$

エタノールの収率 $= \dfrac{2.3}{43.54} = 0.0528$

エタノールの選択率 $= \dfrac{目的成分に転化した原料成分量}{反応で消失した原料成分量} = \dfrac{2.3}{2.66} = 0.864$

この条件ではエタノールの選択率が高い代わりに収率は低く，エチレンの反応率も低いことがわかる．エチレンの反応率を高めるとエタノールの選択率が著しく低下する．重要な制御条件は，原料ガスの反応器内での滞留時間であり，エタノールの選択率を高めるには滞留時間を短くするのが望ましい．　■

1.6　時間とともに変わる量を予測するための収支

タンクの液面高さが時間とともに低下していくことや，液を希釈する場合では濃度が時間とともに低下することは，製造過程で多く見られる*．特定の液面高さや濃度になるまでの時間を予測したいときにも，収支の考え方が役に立つ．ただし，このような場合には微小時間での変化量を取り扱うため，収支が微分方程式の形となる．

逐次反応の滞留時間
　反応は時間とともに進行するので，逐次反応では時間が経つにつれ原料濃度の低下に伴って中間体濃度が高くなるとともに最終生成物の濃度が次第に高くなる，という濃度変化を示す．例題 1.5 では中間生成物のエタノールが目的物質なので，この濃度が高い状態で取り出したい．このために，反応器での滞留時間を最適な時間とするように操作される．

*　時間とともに物理量が変化する状態を非定常状態と呼び，定常状態と区別して扱う．

第 1 章　化学工学とは

【例題 1.6】 ある容器に 100 mol の NaCl を加え，すべて水に溶かして 2.0 m³ の水溶液をつくった．ある時刻からこの容器に 0.3 m³ min⁻¹ の流量で純水を注ぎ，同じ流量で水溶液を排出している．ここで，容器は十分に混合され濃度は場所により変化しない．希釈を開始して時間 t [min] 後の容器中の NaCl 量 [mol] を求めるための式を導け．
【解】 与えられた条件をスケッチする（図）．

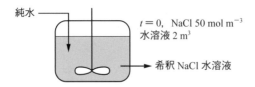

図　NaCl 水溶液の希釈による容器内の NaCl 量の経時変化

容器内の NaCl 量を x [mol] とする．微小時間 dt で減少した NaCl 量を dx とすれば，容器からの NaCl の減少速度は (dx/dt) と書ける．NaCl に関する収支式は，

　　　（減少速度）＝（流入速度）−（流出速度）

となり，純水中に NaCl は含まれないので，流入速度はゼロである．流出速度は，

　　　（NaCl の流出速度）＝（水溶液の流出速度）（容器内の NaCl 濃度）

であるので，収支式は

$$\frac{dx}{dt} = -(0.3)\left(\frac{x}{2}\right)$$

となる．初期条件の $t=0, x=100$ を用いて，次式のように表せる（右図参照）．

$$\int_{100}^{x} \frac{dx}{x} = -0.15 \int_{0}^{t} dt$$

$$[\ln x]_{100}^{x} = -0.15 t$$

$$\ln \frac{x}{100} = -0.15 t$$

$$x = 100 e^{-0.15 t}$$

この式は NaCl 量が時間とともに指数関数に従って低下していくことを示している．収支式を微分方程式で書き，これを解くことで，時間とともに変化する量を予測するための方程式が得られる．■

本章では，化学工学の基本的な原理といえる収支について理解するために，単位から説き起こして操作の種類，さまざまな状況での収支式の立て方を学んだ．収支式から，目的に応じた操作を行うために必要な情報がわかり，ものづくりの設計の指針が得られることが理解できたと思う．最後の例では，時間とともに変化する量の変化のしかた

完全混合の仮定
　例題 1.6 を解くためには，暗黙に完全混合の仮定を置く．完全混合では容器内で NaCl 濃度は一様で，出口濃度と等しい．この流れの状態を 5.1.2 項で学ぶ．

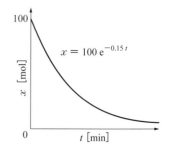

を予測できることも示した．収支をとるという考え方は，取り扱う現象が複雑，巨大，微小という性質にかかわらず適用でき，現象の本質を知るための手がかりを与えてくれる．この本を注意深く読めば，すべての章で収支の考え方が使われていることがわかるだろう．<u>収支を制する者は，化学工学を制するのである</u>．

演習問題

1.1 エタノール濃度75 wt%の消毒用エタノール水溶液を10 kg min^{-1}で製造するため，混合槽を用いて95 wt%エタノールと純水を連続的に供給して希釈している．混合槽に入る液体がすべて流出するとすれば，各液をそれぞれどの流量で供給すべきか．

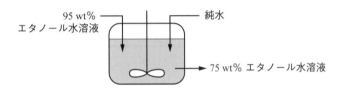

図　混合槽を用いて連続的にエタノールを希釈するプロセス

1.2 水が内径4 cmのパイプ中に未知の流量Q [m^3 s^{-1}]で流れている．Qの値を決めるため，このパイプに15 wt% NaCl水溶液を40 kg h^{-1}で注入し，注入口より十分下流の位置で，パイプ中の水中NaCl濃度を測定したところ1 wt%であった．水の密度を1000 kg m^{-3}としてQの値を決定せよ．

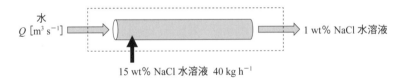

図　NaClをトレーサーとする管を流れる水の流量測定法

1.3 乾量基準で8 wt%の水を含む湿り材料500 kgを乾燥して，乾量基準で0.3 wt%の含水率としたい．除くべき水の量はどれだけか．

1.4 反応器で液相反応 A + 2B → C + 2D を，各成分の初濃度$C_{A0} = 200$ mol m^{-3}，$C_{B0} = 500$ mol m^{-3}，$C_{C0} = 0$ mol m^{-3}，$C_{D0} = 400$ mol m^{-3}の条件で反応を行った．限定反応成分は何か．また成分Aの反応率0.6の時点での各成分濃度を求めよ．

1.5 一酸化窒素NOはNH$_3$の酸化により次の反応でつくられる．

$$4\,NH_3 + 5\,O_2 \longrightarrow 4\,NO + 6\,H_2O$$

(1) 反応器にNH$_3$を100 mol h^{-1}で連続的に供給して反応を完全に進行させる場合，酸素を量論比より20%過剰に供給することとする．必要な酸素流量[mol h^{-1}]はいくらか．

(2) NH$_3$の反応器への供給速度が40 kg h^{-1}，酸素が100 kg h^{-1}であるとき，限界反応成分は何か．反応が完全に進行したと仮定して，生成されるNH$_3$の流量[kg h^{-1}]を求めよ．

熱・物質・運動量の移動現象と流束

化学のものづくりでは，いくつかの固体や液体の原料を装置に注入した後に加熱して反応が進められ，装置から取り出された混合物は，蒸留などの操作を経て未反応の原料と製品に分けられる．この過程では，原料に熱を加えたり取り去ること，結晶が溶解するときのように固体から液体中に物質が移動すること，気体や液体が流れることが起こり，熱・物質・運動量が移動している．ものづくりを省エネルギーで行い，二酸化炭素の排出をできるだけ少なくするため，熱・物質・運動量の移動を上手に操作することが求められている．

化学工学には，熱・物質・運動量が移動する速度を扱うための**移動現象論**（transport phenomena）という理論があり，さまざまな状況での温度，濃度や速度を予測するのに役立っている．ここでは，移動現象論の基礎を説明する．これまで見慣れていなかった速度の表し方として「流束」があることを知り，熱・物質・運動量の三つの移動する速度が互いにとてもよく似た数式で表されることに驚くだろう．

2.1 移動現象と流束

熱・物質・運動量の三つの移動量について，熱は温度が高い部分から低い部分に移動すること，物質は濃度が高い部分から低い部分に移動することは，感覚として理解できるだろう．感覚的に理解しにくいのは運動量の移動で，空気や液体が流れるときには，速度の大きい部分から小さい部分に向けて運動量が移動している．運動量の移動方向は流れの方向とは直交しているため，感覚をつかみにくい．まとめると，流体が流れる際には流体の内部で運動量が流体の高速部から低速部に向け，流体流れと直交して移動すると考える．すると三つの移動量に対して熱は温度，物質は濃度，運動量は速度，という対応関係が見えてくる．移動量を大きくするには，温度の差，濃度の差，速度の差を大きくすればよい．

ここで，三つの移動量が移動する速度である移動速度を表すため，**流束**（flux）という量を定義する．流束とは物理量（熱ではJ，物質ではmol，運動量では$kg \, m \, s^{-1}$）が単位時間かつ単位面積あたりに移動した量である．このときの面積には，熱・物質・運動量の移動方向と直交する面積をとることが重要である．このように流束を定義することで，円管の壁や球殻のように曲がった面を通して熱などが移動する場合にも温度などの予測がしやすくなる．以下に三つの移動量の流束，すなわち熱流束，物質移動流束，運動量流束について順に説明する．

> **移動現象論の別名**
> 輸送現象論や移動速度論とも呼ばれる．機械工学では必須の科目となっている．

> **流速と流束**
> 流速は単位時間あたりに移動する量で，単位は$kg \, s^{-1}$，$m \, s^{-1}$，$mol \, s^{-1}$で表されるが，流束という量は，移動量が直交する面積あたりの流速である．流束はベクトル量である．

2.1.1 熱流束

カップに入れた熱いコーヒーを室内に置くとやがて冷める．これはコーヒーの熱が周囲に移動したためである．熱の移動経路はいくつかあるが，ここではカップの内壁を通って外壁に向けて熱が移動する**伝導伝熱**（conductive heat transfer）のみと仮定する．はじめ90°Cであった100 mLのコーヒーが90秒で70°Cになると，コーヒーが失った伝熱量 Q [W] は，コーヒーを水で近似すれば水の比熱（$4200 \, \text{J kg}^{-1} \text{K}^{-1}$）を用いて，

$$Q = \frac{(0.1 \, \text{kg})(4200 \, \text{J kg}^{-1} \text{K}^{-1})(20 \, \text{K})}{(90 \, \text{s})} = 93 \, \text{W} \quad (2.1)$$

となる．ここで**熱流束**（heat flux）q [W m^{-2}] は，熱の伝わる方向に直交する伝熱面積 A [m^2] を用いて

$$q = \frac{Q}{A} \quad (2.2)$$

で求められる．熱量の単位のWはJ s^{-1}と等しく，熱流束の単位をJ m^{-2} s^{-1}と書くこともできる．このように表すと流束であることが明確になる．熱が移動している場合の熱流束 q は，ある位置 x での温度を T とすると，その位置での温度勾配に比例する．

$$q \propto -\frac{dT}{dx} \quad (2.3)$$

ここで，比例定数を λ とすれば，**フーリエの（熱伝導の）法則**（Fourier's law of heat conduction）として次式が得られる．

$$q = -\lambda \frac{dT}{dx} \quad (2.4)$$

λ は**熱伝導率**（あるいは**熱伝導度**）（thermal conductivity）と呼ばれ，熱が伝導している物質固有の値，すなわち物性値である．右辺のマイナス符号は重要で，熱が高温の部分から低温のところへ流れるので dT/dx の値が負になり，これを打ち消すために必要である．

式 (2.4) の形が

$$（熱流束）= -（物性値）\times（温度勾配） \quad (2.5)$$

となっていることに注意してほしい．

【**例題 2.1**】厚さが10 mmで熱伝導率が $0.15 \, \text{W m}^{-1} \text{K}^{-1}$ のコンクリート壁がある．この壁の両面での温度差が40 Kであり，高温側から低温側へ熱が移動している．平板内での熱移動により両面で温度が時間変化しない定常状態では，壁内部の温度は厚み方向に直線で変化する．この壁を通過する熱流束を求めよ．また，壁の厚さが20 mmになり他の条件が変わら

伝導伝熱

伝導伝熱とは，伝熱の三つのメカニズムの一つで，固体内部や静止した流体中を熱が伝わる現象である．

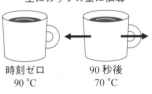

コーヒーの熱は主にカップの壁に伝導

時刻ゼロ 90°C ／ 90秒後 70°C

フーリエの法則

この法則は，当時金属内の熱伝導を研究していたJoseph Fourierによって1822年に初めて定式化された．著書『熱の解析的理論』には「物体内の伝導による熱流束は負の符号をもつ温度勾配に比例する」と書かれている．英語ではFourier's law of heat conductionであるが，日本では単に「フーリエの法則」と呼ばれることが多い．

第2章 熱・物質・運動量の移動現象と流束

ない場合の熱流束は厚み 10 mm のときの何倍となるか．

【解】 問題の状況を図示すると，

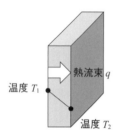

壁厚み　10 mm もしくは 20 mm
壁の熱伝導率　0.15 W m^{-1} K^{-1}
壁面の温度差 40 K

壁厚み 10 mm の場合，壁内部での温度勾配 dT/dx は $-(40)/(10 \times 10^{-3})$
$= -4.0 \times 10^3$ K m^{-1} なので，式 (2.4) より

$$q = (0.15)(4.0 \times 10^3) = 600 \text{ W m}^{-2}$$

壁厚み 20 mm の場合，壁内部での温度勾配 dT/dx は $-(40)/(20 \times 10^{-3})$
$= -2.0 \times 10^3$ K m^{-1} となり，

$$q = (0.15)(2.0 \times 10^3) = 300 \text{ W m}^{-2}$$

壁厚みが大きくなると伝導伝熱の流束は小さくなる． ■

2.1.2 物質移動流束

次に物質移動について，静かな水中に落とされたインクの移動の例を考えよう．インクは水中をジワジワと広がり，インクの色は広がりとともに薄くなっていく．このときインクの色素分子は，濃度差に従って濃度の低い方に向けて**拡散** (diffusion) している．拡散とは分子運動で互いの分子の位置が入れ替わることによる物質移動で，とても遅くかつ着実に濃度が一様になるまで起こる．<u>拡散による物質の移動が遅いということは，物質の拡散の速さが，反応や分離の現象全体の進む速度を決めるということである</u>*．

水中を広がるインク

* このことは，化学工学の専門用語で拡散律速 (diffusion-controlled) と呼ばれる．一方，反応速度が現象全体の進む速度を決める場合は反応律速 (reaction-controlled) と呼ばれる．

インクが広がる場合に，時間 t [s] 間で体積 V [m^3] の水中への色素の移動によって色素濃度が C [mol m^{-3}] になった場合，色素の移動量 M [mol s^{-1}] は次式で求められる．

$$M = \frac{VC}{t} \tag{2.6}$$

このインクの**物質移動流束** (mass-transfer flux) N_A [mol m^{-2} s^{-1}]* は，色素が拡散する方向に直交する面積 A [m^2] を用いて

$$N_A = \frac{M}{A} \tag{2.7}$$

で表され，色素分子の**拡散係数** (diffusion coefficient) D [m^2 s^{-1}] を比例定数として，色素の物質移動流束はその位置 x での濃度勾配に比例

* 化学の分野では，N_A といえばアボガドロ定数を表す記号として有名だが，化学工学では慣例として物質移動流束を表す．

するとすれば，**フィックの法則**（Fick's law）として次式が得られる．

$$N_A = -D\frac{dC}{dx} \qquad (2.8)$$

拡散係数も物質に固有な値で，温度と圧力によって定まる物性値である．**表 2.1** に各種気体の 101.3 kPa* における相互拡散係数の値を示す．気体中の相互拡散係数は温度が高いほど大きく，同じ温度であれば小さい分子の方が大きい値となる．これは拡散という現象が分子運動と密接に関係するためである．また，多くの気体分子の拡散係数の大きさはおよそ 10^{-5} m^2 s^{-1} 程度であり，これを「拡散係数のオーダーが 10^{-5} である」と表現する．各種の物性値のオーダーを単位とともに把握しておくと概略計算に役立つ．

表 2.1　二成分気体の相互拡散係数

系	温度 [K]	拡散係数 [m^2 s^{-1}]
空気－水素	298	7.10×10^{-5}
空気－酸素	298	2.10×10^{-5}
空気－二酸化炭素	273	1.37×10^{-5}
空気－メタン	273	1.96×10^{-5}
空気－オクタン	298	5.10×10^{-6}
空気－ベンゼン	283	8.30×10^{-6}

表 2.2 に希薄溶液中の物質の拡散係数の値をまとめた．液体中の物質の拡散係数は濃度によっても変わるため，気体中の拡散係数ほど明確な傾向は現れない．液体中では気体中よりも密度が格段に大きい（水と空気では約 1000 倍の差）ため，分子間の相互作用が拡散に影響を及ぼし，水素結合などの引力（分子間力）が作用すると拡散係数が小さくなる傾向がある．溶液中の拡散係数のオーダーは 10^{-9} で，物質の種類が変わってもオーダーは大きく変化しない．

表 2.2　希薄溶液中の物質の拡散係数

拡散物質	溶媒	温度 [K]	拡散係数 [m^2 s^{-1}]
塩化水素	水	298	3.36×10^{-9}
塩化ナトリウム	水	298	1.61×10^{-9}
メタノール	水	298	1.59×10^{-9}
エタノール	水	298	1.24×10^{-9}
酢酸	水	293	1.19×10^{-9}
グルコース	水	298	6.70×10^{-9}
アセトン	トルエン	293	2.93×10^{-9}
酢酸	アセトン	293	3.31×10^{-9}

フィックの法則

この法則は Adolf Fick により 1855 年に発見され，論文では「物質の拡散は熱伝導におけるフーリエの法則と電気伝導におけるオームの法則と同じ数学で記述され得る」と述べられている．

* 101.3 kPa は 1 気圧で（1.1 節参照），大気圧，常圧の状態である．

【例題 2.2】気体は，高分子で作られた膜の内部を拡散して通り抜けることができる．気体の通りやすさは拡散係数 $D\,[\mathrm{m^2\,s^{-1}}]$ で表され，膜の温度 $T\,[\mathrm{K}]$ とともに変化する．拡散係数と温度の関係は，以下に示すアレニウス式の形で表される．

$$D = A\exp\left(-\frac{E}{RT}\right)$$

ここで A は前指数因子 $[\mathrm{m^2\,s^{-1}}]$，E は気体が高分子膜内を拡散する際の活性化エネルギー $[\mathrm{J\,mol^{-1}}]$，R は気体定数で $8.31\,\mathrm{J\,K^{-1}\,mol^{-1}}$ である．

CO_2 がある高分子膜を透過する場合に，$A = 5.00 \times 10^{-6}\,\mathrm{m^2\,s^{-1}}$，$E = 3.67 \times 10^3\,\mathrm{J\,mol^{-1}}$ であった．膜の温度が 374 K と 450 K のときの拡散係数を求めよ．

【解】374 K の場合

$$D = (5.00 \times 10^{-6})\exp\left\{-\frac{3.67 \times 10^3}{(8.31)(374)}\right\} = 2.74 \times 10^{-10}\,\mathrm{m^2\,s^{-1}}$$

450 K の場合

$$D = (5.00 \times 10^{-6})\exp\left\{-\frac{3.67 \times 10^3}{(8.31)(450)}\right\} = 1.44 \times 10^{-9}\,\mathrm{m^2\,s^{-1}}$$

温度が上昇すると拡散係数が大きくなる．これは温度上昇とともに高分子鎖の熱運動が激しくなるにつれ自由体積が増すことで，CO_2 分子が膜内部を通りやすくなるためである．■

高分子の自由体積

高分子材料は長い鎖状の分子が絡み合って形成されており，構造の中で分子が占めていない空間があってこれを自由体積という．自由体積は材料の柔軟性を高めたり，気体分子の透過といった役割を果たしている．

2.1.3 運動量流束

三つの移動量のうち，最も感覚的に把握しにくいのが運動量の移動であるが，流体が流れる際には運動量が流れと直交して移動している，ととらえよう．例えば，君が橋の上からまっすぐに流れる静かな川を観察しているとしよう（図 2.1）．川の大小にかかわらず，最も流れの

図 2.1 川の流れでの流速分布

速い場所は川の中央で，岸の近くではゆっくり流れているのが見られるだろう．このとき，川の水がもつ運動量は川の中央で最も大きく岸では最小であり，運動量は川の中を中央から岸に向けて移動している．

想像力を働かせ，川が本棚のように多くの水の層からできていると考えてみよう．最も速く流れる層はそれと接する両側の層を摩擦力で動かし，この動きは岸に接する層まで続く．この動きを運動量で表すと，最も速く流れる層から隣り合う両側の層に運動量が移動する．このときの**運動量流束**（momentum flux）$\tau\,[\mathrm{kg\,m^{-1}\,s^{-2}}]$ は，流体のある位置 x での速度勾配に比例する．

$$\tau \propto -\frac{dv_x}{dy} \tag{2.9}$$

ここで，川の中央に原点をとり，川を横切るように y 軸を，流れ方向に x 軸をとる．v_x は x 方向の流速で位置 y により変化し，v_x の変化は x 軸を中心に対称なので，$y > 0$ の領域で考える．運動量流束は，速く動く流体から遅い流体に移動するため流れに対して直交する方向に微小距離 dy だけ変化した場合の dv_x は負の値となり，符号を整えるために右辺にマイナスをつける．運動量が移動しやすい流体は速く流れ，移動しにくい流体は遅く流れる．遅く移動する流体といえば，溶岩や氷河が思い浮かぶが，これらは水と比べると高い**粘性**（viscosity）をもっている．粘性の大きさは**粘度**（英語では粘性と同じ viscosity）で表される．そこで，運動量流束は粘度に比例するとして，以下の**ニュートンの粘性法則**（Newton's law of viscosity）が得られる．

$$\tau = -\mu \frac{dv_x}{dy} \tag{2.10}$$

粘度は**粘性係数**（coefficient of viscosity）とも呼ばれ，いくつかの異なる単位で表される．SI 単位として一般的なものは Pa s であり，Pa を書き下して変形すると以下のようになる．

$1\,\mathrm{Pa\,s} = 1\,(\mathrm{N\,m^{-2}})\,\mathrm{s} = 1\,(\mathrm{kg\,m\,s^{-2}})\,\mathrm{m^{-2}\,s} = 1\,\mathrm{kg\,m^{-1}\,s^{-1}}$ (2.11)

粘度は温度により変化し，液体では高温になるほど粘度は低下するが，気体では逆に高温になるほど粘度は高くなる．**表 2.3** に 101.3 kPa におけるいくつかの物質の温度と粘度の値をまとめて示す．

粘度を流体の密度 $\rho\,[\mathrm{kg\,m^{-3}}]$ で割った量は**動粘度**（kinematic viscosity）ν と呼ばれ，この単位は物質の拡散係数 D と同じ，$\mathrm{m^2\,s^{-1}}$ となる．

$$\nu = \frac{\mu}{\rho} \tag{2.12}$$

動粘度を用いると式 (2.10) は次式で書くことができる．

運動量流束

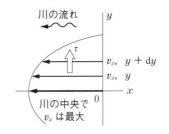

スイス・アルプス氷河
（Wikipedia より）

ニュートンの粘性法則
　この法則は Isaac Newton によって，万有引力の法則と同じく著書『プリンキピア』の第 2 巻にまとめられている．この巻では抵抗のある媒質中での物体の運動が論じられている．

ポイズ P
　古い文献などで，粘度の単位にポイズ（poise, P；フランス語発音ではポワズ）が用いられている．1 P は $1\,\mathrm{g\,cm^{-1}\,s^{-1}}$ であり，式 (2.11) から，Pa s と P との関係は，$1\,\mathrm{Pa\,s} = 10\,\mathrm{P}$ とわかる．

ν の読み方
　ν はギリシャ文字でニューと読み，英語では nu と書く．

表2.3　種々の物質の粘度

物質	温度 [K]	粘度 [Pa s]
水	273	1.7887×10^{-3}
水	293	1.0046×10^{-3}
水	313	0.6533×10^{-3}
エタノール[a]	293	1.19×10^{-3}
酢酸エチル[a]	293	0.447×10^{-3}
トルエン[a]	293	0.586×10^{-3}
ドデカン[a]	293	1.466×10^{-3}
グリセリン[a]	293	1.412
空気	273	17.1×10^{-6}
空気	293	18.09×10^{-6}
空気	313	19.04×10^{-6}

[a]:『化学便覧 改訂4版 基礎編』丸善出版 (1993),
他は『化学工学 改訂第3版』朝倉書店 (2008)
から.

代表的なギリシャ文字の読み方

小文字	日本語	英語
γ	ガンマ	gamma
ε	イプシロン	epsilon
ζ	ゼータ	zeta
η	イータ	eta
λ	ラムダ	lambda
μ	ミュー	mu
ν	ニュー	nu
ρ	ロー	rho
τ	タウ	tau
ϕ, φ	ファイ	phi
ψ	プサイ	psi
ω	オメガ	omega

$$\tau = -\nu \frac{\mathrm{d}(\rho v_x)}{\mathrm{d}y} \tag{2.13}$$

ここで，ρv_x は $(\mathrm{kg\,m\,s^{-2}})\,\mathrm{m}^{-3}$ の単位をもち，体積あたりの運動量すなわち運動量濃度と呼ばれる．動粘度を「運動量の拡散係数」ととらえると，式 (2.13) は，

$$(\text{運動量流束}) = -(\text{運動量の拡散係数}) \times (\text{運動量濃度の勾配}) \tag{2.14}$$

を表しており，物質移動流束や熱流束と類似した意味をもつことがわかる．

【例題 2.3】平行に置かれた 2 枚の板の間に水が満たされている．下の 1 枚は固定され，上の板を一定の速度 $U\,[\mathrm{m\,s^{-1}}]$ で水平に動かすとき，水内部での速度は下図に示すように，直線で変化する．運動量は上の板から下の板に向けて，一定の流束で移動する．

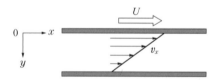

これによく似た状況として，初めは静止している水面のすぐ上にある空気が，あるとき水平に一定速度で動くとする．水面は空気の移動に引きずられて移動し，空気の運動量は水に伝わって移動する．この場合の空気と水の速度分布の概形を描け．

【解】水と空気では粘度に大きな差があり，空気の方がかなり小さい値である．問いの場合には空気中の運動量が水に移動し，空気中の運動量流束と水中の運動量流束は等しい．そのため，速度勾配が空気中と水中で大きく異なり，粘度の小さい空気中では勾配が大きく，粘度の高い水中では勾配が小さくなる．これを図示すると以下のようになる．

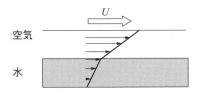

2.2 熱・物質・運動量移動のアナロジー

アナロジーとは類似性という意味で，これまで見てきた三つの移動量，熱・物質・運動量の流束を表す式が，互いによく似ていることがわかる．

熱流束（フーリエの法則）：$q = -\lambda \dfrac{dT}{dx}$

物質移動流束（フィックの法則）：$N_A = -D \dfrac{dC}{dx}$

運動量流束（ニュートンの粘性法則）：$\tau = -\mu \dfrac{dv_x}{dy}$

上記の三つの式の意味は

$$(移動量の流束) = -(物性値) \times (物理量の勾配) \quad (2.15)$$

とまとめられ，熱・物質・運動量の移動にはアナロジーが成立する．このことは，移動する量の種類が変わっても，移動速度の本質は変わらないことを表している．つまり，<u>物体内での場所や時間による温度，濃度や速度の変化を予測するために，式の見かけは異なっても本質は一つ</u>，ということである．

式 (2.13) で述べたように，動粘度 ν を用いることで，運動量流束が「運動量濃度の勾配」に比例する量と表されることがわかった．そこで，伝導伝熱の熱流束でも同じように考えることができるか，について検討しよう．熱流束は式 (2.4) で示されるように，熱伝導率に比例する．ここで，物体に一定量の熱が与えられた場合の温度変化は物質の定圧比熱 C_p の大きさに反比例するため，式 (2.4) に C_p を入れて書き換える．物体の温度 T を C_p と新たな量 h を用いて

第2章　熱・物質・運動量の移動現象と流束

$$T = \frac{h}{C_p \rho} \tag{2.16}$$

と表す. h の意味をわかりやすくするため, $\rho = M/V$ を用いると,

$$h = \frac{MC_p T}{V} = \frac{（温度 T の物体のもつ熱量）}{（物体の体積）} \tag{2.17}$$

となり, h は物体のもっている熱の体積濃度と読むことができる. h と C_p を用いて式 (2.4) は

$$q = -\frac{\lambda}{C_p \rho}\frac{\mathrm{d}h}{\mathrm{d}x} \tag{2.18}$$

と表される. このように書くと, 熱流束が熱の濃度勾配に比例し, 比例係数が $\lambda/(C_p \rho)$ となっている. この比例係数は熱拡散率 (α) と呼ばれ, $\mathrm{m^2\,s^{-1}}$ の単位をもつ. これは物質の拡散係数と同じ単位である. つまり α は「熱の拡散係数」に対応する値で, 物体での熱の伝わりやすさを表す.

　三つの移動量の流束は, 熱, 物質と運動量の「体積濃度」を考えることで, 次式にまとめられる.

$$\left.\begin{array}{l} q = -\alpha \dfrac{\mathrm{d}h}{\mathrm{d}x} \\[2mm] N_A = -D \dfrac{\mathrm{d}C}{\mathrm{d}x} \\[2mm] \tau = -\nu \dfrac{\mathrm{d}(\rho v_x)}{\mathrm{d}y} \end{array}\right\} \tag{2.19}$$

　比例係数である α, D と ν とは同じ単位をもち, それぞれ熱, 物質, 運動量の広がりやすさを表す. **表2.4** にさまざまな流体の 298 K, 101.3 kPa での拡散係数, 熱拡散率, 動粘度などの値を示す.

　三つの係数の差をオーダーで比較すると, 気体ではオーダーの差が比較的小さく, 移動量の広がりやすさはほぼ同じであるが, 液体では物質の拡散係数のオーダーが最も小さく, 熱, 運動量の順に大きくなっている. このことは, 分子のもつエネルギーは分子の衝突によってま

表2.4　298 K, 101.3 kPa における各種物質の物性

		拡散係数 [$\mathrm{m^2\,s^{-1}}$]	密度 [$\mathrm{kg\,m^3}$]	熱伝導度 [$\mathrm{J\,m^{-1}\,s^{-1}\,K^{-1}}$]	定圧比熱 [$\mathrm{J\,kg^{-1}\,K^{-1}}$]	熱拡散率 [$\mathrm{m^2\,s^{-1}}$]	動粘度 [$\mathrm{m^2\,s^{-1}}$]
気体	水素	7.1×10^{-5}*	8.2×10^{-2}	1.8×10^{-1}	1.4×10^{4}	1.6×10^{-4}	1.1×10^{-4}
	酸素	2.1×10^{-5}*	1.3	2.7×10^{-2}	0.92×10^{3}	2.3×10^{-5}	1.6×10^{-4}
液体	水	2.2×10^{-9}**	1.0×10^{3}	5.9×10^{-1}	4.2×10^{3}	1.4×10^{-7}	1.0×10^{-6}
	メタノール	1.6×10^{-9}***	0.80×10^{3}	2.0×10^{-1}	2.3×10^{3}	1.1×10^{-7}	0.70×10^{-6}

* 空気中の相互拡散係数, ** 自己拡散係数, *** 水中の拡散係数

わりに速く伝わるが，分子そのものは互いの衝突のために広がりにくいことを示している．

　このように，アナロジーの視点から見ると，三つの移動量の移動現象を一つの意味として理解できるようになる．逆にいえば，一つの移動現象を理解することで，他の二つが移動する現象を類似したものとして理解できるようになる．実際の問題では，運動量と物質，熱と物質や運動量と熱といった，二つの移動量が同時に移動する場合が多く，相互の速度の関係を議論する際に，拡散係数，熱拡散率と動粘度の値が手がかりとして役立つ．

演習問題

2.1　洗濯したTシャツを速く乾かすには，①しわをよく広げてハンガーに吊るし，②窓を閉めた室内よりも風通しの良い室外を選び，また③雨の日よりも晴れの日の方が適していることと，④乾燥器やドライヤーで温風を当てるとよいことを経験しているだろう．

　下線部①〜④はすべて，Tシャツからの単位時間あたりの水蒸気の移動量を大きくすることに関係している．これらの選択や操作を行う理由を移動現象の観点から説明せよ．

2.2　赤血球は細胞膜を介して血中のグルコースを取り入れて分解している．この分解速度は十分大きく，血球中のグルコース濃度はゼロと見なせる．予め赤血球などグルコースを消費する成分を除いた血漿に，グルコース濃度が $0.3\,\mathrm{mmol\,L^{-1}}$ の溶液 $400\,\mathrm{cm^3}$ に 10^6 個の赤血球を含む微量の液体を投入したところ，1時間後にこの容器内のグルコース濃度は $0.28\,\mathrm{mmol\,L^{-1}}$ となった．赤血球1個あたりの表面積は $2.0\times10^{-10}\,\mathrm{m^2}$ と近似できる．投入直後から1時間にわたる平均のグルコースの物質移動流束 $[\mathrm{mol\,m^{-2}\,s^{-1}}]$ を求めよ．

2.3　拡散係数に関する問 (1), (2) に答えよ．

(1) 気体を液体に吸収させるガス吸収での物質移動流束はフィックの法則で表され，流束の大きさは拡散係数の値によって変化する．目的成分の気体中と液体中での拡散係数について，以下の選択肢から正しいものを選べ．

　　a) ある物質の気体中の拡散係数は液体中の拡散係数よりも常に大きい

　　b) ある物質の気体中の拡散係数は液体中の拡散係数よりも常に小さい

　　c) 物質の拡散係数は気体中か液体中かにかかわらず同程度の値である

　　d) 物質の拡散係数は媒質の種類により特に決まった傾向がない

(2) 物質の拡散係数は温度と物質の大きさ (原子量や分子量) に依存して変化する．以下の選択肢から正しいものを選べ．

　　a) 拡散係数は物質が大きいほど，温度が高いほど大きくなる

　　b) 拡散係数は物質が大きいほど，温度が低いほど大きくなる

　　c) 拡散係数は物質が小さいほど，温度が高いほど大きくなる

　　d) 拡散係数は物質が小さいほど，温度が低いほど大きくなる

2.4　三つの移動量，熱・物質・運動量の流束を表す式が類似しているアナロジーを学んだ．電気回路では抵抗やコンデンサなどの素子が配線で結ばれ電流が流れている．電流とは電荷の流れであり，回路を流れる電流ではオームの法則が成立する．電流にも熱・物質・運動量の流束とのアナロジーが成立するだろうか．成立する場合，何がどのように類似するのか説明せよ．

第2章　熱・物質・運動量の移動現象と流束

Column

『移動現象論 Transport Phenomena』

移動現象論は transport phenomena と訳されるが，これは 1960 年に出版された書籍のタイトルと同じである．ウィスコンシン大学化学工学科の3名の教員，バード（R. Bird），ステュアート（W. Stewart），ライトフット（E. Lightfoot）により執筆され，化学工学のバイブルと呼ばれる本である．この本の出版以前は，流体の中で熱，物質や運動量が移動する現象は，それぞれ別の分野と認識され，それぞれの実験データが個別にまとめられ経験的に論じられる分断の時代であった．バードらは三つの物理量が類似した法則で表されることに注目し，それまで個別に蓄積されてきた知識に，共通の視点から横串を通して新しい工学としての体系を生み出した．出版されるや世界中の化学工学科で教科書として採用され，化学工学を専門とする人なら必ず知っている学問分野となった．

本の中身は数式，とくに微分方程式に富んでいるため，敷居が高く感じられるかも知れないが，一見すると多様に見える自然現象がじつはシンプルな基本法則から理解できる，というメッセージの味わいは深い．多様であることが尊ばれ複雑化を免れない現代，横串を貫く基本原理や法則から現象を眺める視点は重要と考える．

3 伝 熱

熱は最も身近なエネルギーで，加熱と冷却はすべての化学プロセスで行われる．反応の多くは発熱を伴うため冷却して反応速度を遅くしたり，遅い反応の速度を高めるために加熱が行われる．蒸留では原料を加熱して生成させた蒸気を冷却して分離が行われる．熱エネルギーが物体の内部や物体間の空間で，高温部から低温部に移動することを伝熱あるいは熱移動と呼び，三つの機構すなわち伝導，対流，放射によって生じる．本章ではこれらの伝熱機構を学ぶ．

3.1 伝導伝熱（熱伝導）

伝導伝熱（あるいは**熱伝導**）（heat conduction）は，熱が物体を構成する分子（原子）の運動エネルギーとして順に隣の分子（原子）に移動する過程のことで，固体，液体，気体のすべてで観察される．ただし，液体や気体中では後述する対流伝熱という別の機構の伝熱も同時に起こる．

3.2 フーリエの法則

3.2.1 フーリエの式

物体内を熱が移動する速度は，温度の差と，物体がどれくらい熱を伝えやすいかによって変わる．物体内のある位置での熱の移動速度を表すために，熱が移動する方向に垂直な面を考え，その単位面積を時間あたりに通過する熱量として**熱流束**（heat flux）という値を定義する．2.1.1 項で学習したように熱流束 $q\,[\mathrm{W\,m^{-2}}]$ は温度勾配に比例し，**熱伝導率**（あるいは**熱伝導度**）（thermal conductivity）$\lambda\,[\mathrm{W\,m^{-1}\,K^{-1}}]$ を用いて次式で表される．

$$q = -\lambda \frac{\mathrm{d}T}{\mathrm{d}x} \tag{3.1}$$

この式は式（2.9）と同じで，**フーリエの法則**である．

3.2.2 熱伝導率

熱伝導率は物質ごとに決まった値をもち，固体，液体，気体の順に小さくなる．また，熱伝導は電子の移動と密接な関係があるので，固体の中でも金属のような電気良導体ではゴムなどの絶縁体よりも熱伝導

移動量と流束

物体や流体内を移動する量として，熱の他に運動量と物質があり，熱・運動量・物質は「移動量」と呼ばれる．

これらが移動する速度は，物体や流体の性質と，それぞれの温度・速度・濃度の差によって表されるため，すべての移動速度を流束で表すと，流束は同じ意味をもつ一つの式で統一して表現できる（第 2 章式（2.19）参照）．

熱伝導率の温度による変化

熱伝導率は一般に温度によって変化し，物質によってその変化のしかたが異なるが，次のような一次関数で近似されることが多い．

$$\lambda = \lambda_0 (1 - \delta T)$$

ここで，λ_0 はある基準温度におけるその物質の熱伝導率，T は温度，δ は温度係数である．温度係数 δ はそれほど大きな値ではないので，物体内の温度差が大きくない場合には熱伝導率の値は一定値として取り扱われることが多い．

第3章 伝 熱

表3.1 各種物体の熱伝導率

物体		熱伝導率 [W m^{-1} K^{-1}]	温度 [K]
金属	鉄（純）	80.3	300
	アルミニウム	237	300
	銅	398	300
固体	石英ガラス	1.38	300
	石灰岩コンクリート	1.8	300
	ポリエチレン	0.22	300
	クロロプレンゴム	0.25	300
液体	水	0.610	300
		0.657	340
	エタノール	0.166	300
気体	空気	0.0261	300
		0.0344	420
	水蒸気	0.0321	460

率が大きい．**表3.1**に代表的な物質の熱伝導率を示す．

3.2.3 無限平板内の熱伝導

1) 単一平板の熱伝導

図3.1に示すように，厚さLで十分に広く均質な平板内で，両側の表面温度がそれぞれT_1, T_2で一様である場合の平板内の熱伝導を考えよう．この場合，温度が変化しているのは厚さ方向だけなので，x方向のみの熱伝導を考える．

板の内部で熱の発生や吸収がなければ，熱伝導は定常状態で起こり，式(3.1)で表される熱流束qはxのどの位置でも一定となる．熱伝導率λを一定値と見れば，式(3.1)は簡単に積分できる．境界条件は$x=0$で$T=T_1$，$x=L$で$T=T_2$であるので，熱流束qは，

$$q = \lambda \frac{T_1 - T_2}{L} \tag{3.2}$$

となり，熱の流れる方向に直角な断面積Aの面を通る熱量Q [W] は

定常状態

時間とともに温度，濃度や速度が変化しない状態のことで，変化する状態は非定常状態と呼ばれる．

定常状態では流束が簡単な式で表され，速度を直観的に理解しやすい．

熱量と熱流束

これら二つの量は似ているが異なることに注意しよう．

熱量の単位はWで，WはJ s^{-1}と同じであり，熱流束の単位はW m^{-2}で，J m^{-2} s^{-1}とも書かれる．流束は移動量が通過する断面積あたりの量である（2.1節参照）．

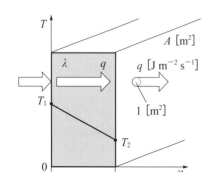

図3.1 平板内の1次元熱伝導

$$Q = \lambda \frac{T_1 - T_2}{L} A = \frac{T_1 - T_2}{L/(\lambda A)} \tag{3.3}$$

と表される．式(3.3)は重要で，式の表す物理的な意味に注意すべきである．式(3.3)の右辺の分子である温度差は熱移動の駆動力を意味し，分母は温度差が与えられたときに熱が移動する困難さ（抵抗）を表し，熱伝導抵抗と呼ばれる．まとめると次のように書ける．

（熱伝導により壁を通過する熱量）＝（温度差）/（熱伝導抵抗）

このように見れば，熱伝導は電気伝導と相似していることがわかる．熱量を電流に，温度差を電圧に，熱伝導抵抗を電気抵抗にそれぞれ置き換えれば，熱伝導抵抗と電気抵抗は同じ物理的意味をもっている*.

さらに平板の厚さ方向の温度分布について考えてみよう．厚さ方向の距離 x における温度 T を求めるため，式(3.3)および式(3.1)を $x=0$ で $T=T_1$，$x=L$ で $T=T_2$ として積分した式を連立して解けば，

$$T = T_1 - (T_1 - T_2)\frac{x}{L} \tag{3.4}$$

が得られる．平板内の温度分布は図3.1からわかるように，T_1 から x 方向に向かって T_2 まで直線的に低下する．

* オームの法則は
$I = V/R$ で，
（電流）＝（電位差）/（電気抵抗）
を表す．

2) 積層平板の熱伝導

平板を通して熱が移動する状況は，燃焼炉などの壁といった工業的な例から，窓ガラスにフィルムを貼って入熱を減らすなど広く見られ，熱流束を見積もることは重要な課題である．壁となる平板の材質は単一であるよりも，異なる材質の複数の平板が密着された積層平板であることが多い．実際に燃焼炉の壁は耐火材や断熱材が重ねて張られ，熱透過を抑えている．

ここでは図3.2のような3層の積層平板を考え，各平板の厚さ L,

3層の平板構造サーモテクト
（AGCセラミックス株式会社）
AGCセラミックス株式会社の
News Release（2013年2月26日）
より転載．

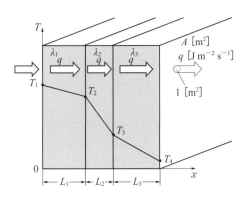

図3.2　3層の積層平板内の1次元熱伝導

熱伝導率 λ にそれぞれ添字 1, 2, 3 をつけて表す.

各平板の表面温度は一様で，各平板は密着しているため異種平板の接触面での温度は等しく，熱は厚さ方向のみに伝導すると仮定する．定常状態では平板 1, 2 および 3 を通過する熱流束 q はいずれも等しく，式 (3.3) より

$$q = \lambda_1 \frac{T_1 - T_2}{L_1} = \lambda_2 \frac{T_2 - T_3}{L_2} = \lambda_3 \frac{T_3 - T_4}{L_3} \tag{3.5}$$

である．この式を整理すると，

$$T_1 - T_4 = \frac{L_1}{\lambda_1} + \frac{L_2}{\lambda_2} + \frac{L_3}{\lambda_3}$$

となり，結局，

$$q = \frac{T_1 - T_4}{\frac{L_1}{\lambda_1} + \frac{L_2}{\lambda_2} + \frac{L_3}{\lambda_3}} \tag{3.6}$$

となる．また，伝熱面積を A とし，通過熱量を Q とすると，

$$Q = \frac{T_1 - T_4}{\frac{L_1}{\lambda_1} + \frac{L_2}{\lambda_2} + \frac{L_3}{\lambda_3}} A = \frac{T_1 - T_4}{\frac{L_1}{\lambda_1 A} + \frac{L_2}{\lambda_2 A} + \frac{L_3}{\lambda_3 A}} \tag{3.7}$$

と表される．右辺の分母は，3つの平板の熱伝導抵抗の和で表現されていることに注意してほしい．

熱伝導抵抗は上で述べたように，電気抵抗に読み替えることができ，3つの平板を通して熱が伝導することは，3つの抵抗が直列接続された回路を電流が流れることと同じ意味をもつことがわかる (図 3.3)．

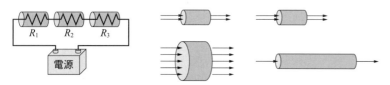

熱も電流も断面積に比例　　長さ (厚さ) に逆比例

図 3.3　熱伝導抵抗は電気抵抗と同じ物理的意味をもつ

【例題 3.1】窓に二重ガラスが張られている．ガラスの厚み 1 mm，ガラス間隔 10 mm の空間は常圧の静止空気で満たされている．外気温が 35 ℃，室内温度が 25 ℃，窓の面積が 1.5 m² のとき，同じ厚みの一枚ガラス窓と比較して，熱通過量はどのくらい低減できるか．ただし，空気の熱伝導度を 0.026 W m^{-1} K^{-1}，ガラスの熱伝導度を 0.75 W m^{-1} K^{-1} とする．

【解】静止空気も平板と見なせるので，二重ガラスを通過する熱伝導は 3 層の積層平板を通る伝導伝熱である．この窓を通過する熱量 Q_w は*

* Q_w の w は二重ガラスのダブルを表し，Q_s の s は一枚ガラスのシングルの s である.

$$Q_w = \frac{35-25}{\frac{0.001}{0.75}+\frac{0.01}{0.026}+\frac{0.001}{0.75}}(1.5) = \frac{10}{0.387}(1.5) = 39\,\text{W}$$

一枚ガラス窓を通過する熱量 Q_s は

$$Q_s = \frac{35-25}{\frac{0.001}{0.75}}(1.5) = 1.1\times 10^4\,\text{W}$$

Q_w と Q_s との比較から，二重ガラスにすると通過熱量を約 1/3500 に低減できることがわかる．■

3.3 対流伝熱

3.3.1 境界層と対流伝熱

熱伝導では一つの物体内部で熱が移動する場合を考えるのに対して，熱が流体（気体または液体）から固体に伝わる場合，もしくは逆に固体からまわりにある流体に向けて熱が伝わる状況は多い．例として図 3.4 に，給湯器（**右下図**）のように空気中で燃焼しているガスから，水が流れる管の金属壁を通して水に熱が伝わる場合を示す．このように固体と流体の間の温度差を駆動力として熱が伝わることを**対流伝熱**もしくは**熱伝達**（convective heat transfer）と呼ぶ．

自然対流と強制対流

対流といえば，お風呂やお湯を沸かすときに熱せられて密度が小さくなり上昇する，自然対流を思い浮かべるかも知れない．工業的には，ポンプを使って流体を管の中に強制的に流し，管の外側にある別の流体に熱を伝える場合が多い．このような流体の流れを強制対流と呼ぶ．

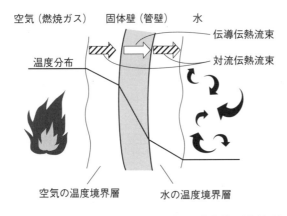

図 3.4 気体から固体，固体から液体への熱移動，対流伝熱

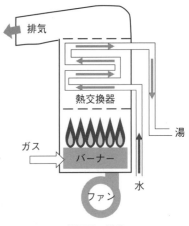

給湯器の構造

対流伝熱では，固体まわりの流体の流れの状態によって熱の移動速度が大きく変化する．図 3.5a に示すように，流体が固定壁面に沿って流れるとき，壁面に近づくとともに流体の粘性によって流速が急に低下する領域が見られる．この領域を**速度境界層**（velocity boundary layer）と呼ぶ．境界層の外側ではおおまかに見て速度が一様な流れであり，これを**主流**（bulk flow）と呼ぶ．

図 3.5b に示すように流体と固体との間に温度差がある場合，固体表

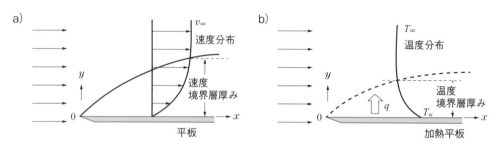

図3.5 流れの中に置かれた平板まわりの速度境界層（a）と温度境界層（b）

面の近くに速度分布と同様な，温度が急激に変化する領域ができる．これを**温度境界層**（thermal boundary layer）と呼び，この層の外側の流体（主流）では温度を一様と見なす．温度境界層の厚さは流れの状態や固体表面の形状の影響を受けるので，固体表面近くでの流体中の温度分布を決めることは，熱伝導のように簡単ではない．

そこで，高温固体から低温の流体への対流伝熱での伝熱量（熱流束）を決めるために，二つの境界層の厚みを予測する困難を避け，次の立場をとる．

1. 高温の固体表面と流体の主流の間で熱移動を考え，温度境界層を無視する．

2. ニュートンの冷却法則の成立を仮定する．すなわち固体と流体の温度差があまり大きくない場合，固体と流体間の熱の出入りは両者の温度差に比例する．

こうすることで，対流伝熱の熱流束は固体表面と流体の主流との温度差に比例し，工学的な係数を用いて次式によって表される．

$$q = h(T_\infty - T_w) \quad (3.8)^*$$

この係数 h は**熱伝達率**（**熱伝達係数**，**対流伝熱係数**）（heat transfer coefficient）と呼ばれる．T_w および T_∞ はそれぞれ固体壁面温度および流体の主流での温度である．熱伝達率は流体の流速や温度，物体の形状などにより大きく変化する．**表3.2**に各流れの状態に対する熱伝達率の概略値を示す．

境界層を表す際に平板の先端が尖っているのは？
　境界層の発達を正確に表すためで，尖っていないと流れが乱れる可能性がある．流れの剥離のない理想的な境界層の発達を示す．

ニュートンの冷却法則
　物体の冷却速度が物体と周囲の流体との温度差に比例することを表す法則で，実験的観察から導かれた経験則である．

＊　添字の w は壁表面を表し，∞ は壁から遠く離れた場所を示す．

工学的な係数とは？
　密度や粘度のように，温度と圧力によって決まった値となる物性値とは異なり，場の状況である流速や表面の粗さなどによって変化する性質をもった係数のこと．

表3.2 熱伝達率の概略値

流れの状態		熱伝達率（概略値） [W m^{-2} K^{-1}]
自然対流	空気	1〜20
	水	200〜600
強制対流	空気	10〜250
	水	250〜5000
沸騰中の水		1500〜4500

熱伝達により熱が通過する面積を A とすると，通過熱量 $Q\,[\mathrm{W}]$ は，

$$Q = hA(T_\infty - T_\mathrm{w}) = \frac{T_\infty - T_\mathrm{w}}{1/(hA)} \tag{3.9}$$

となる．この式を上述の式 (3.3) や式 (3.5) と比べると，熱伝導の場合と同様に $1/(hA)$ は熱伝達抵抗となる．

3.3.2 管内流れにおける流体温度

流体が管内を流れる場合の流体の温度は，流体が壁面で囲まれていることと，壁面と流体との間で熱の授受があり，また温度境界層が形成されるため，管の断面にわたって温度を平均した平均温度を用いる．図 3.6 にはこのときの管内流体中の温度分布の概念を表す．

流体が管の位置 1, 2 の 2 点間の距離を流れる間に，流体から管の壁への伝熱量を算出するには，各点での流体中の平均温度と壁温度の温度差を対数平均した，対数平均温度差を用いる．図 3.6 には管の位置 1, 2 における温度差を示す．対数平均温度差は以下の式で求められる．

$$\Delta T_m = \frac{\Delta T_1 - \Delta T_2}{\ln(\Delta T_1/\Delta T_2)} \tag{3.10}$$

ΔT_1：位置 1 における流体の平均温度と壁温度との差の絶対値

ΔT_2：位置 2 における流体の平均温度と壁温度との差の絶対値

なぜ管の 2 点間を考えるのか？

熱交換器では管内に流れる流体を加熱・冷却するので，出口で流体を所定温度にするために必要な伝熱面積を決めなければならない．詳しくは 3.5 節で学ぶ．管の 2 点とは熱交換器の場合，入口と出口の 2 点をとる．

なぜ温度差が重要？

温度差は熱移動の推進力なので，熱流束の大小に直結しているからである．

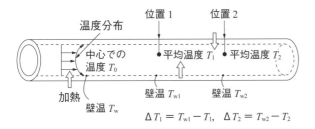

図 3.6 管内流れの流体中の温度分布の概念と管の位置 1, 2 での流体と壁の温度差

3.3.3 熱伝達相関式

熱伝達率は，熱伝導率のように物質と温度で決まる物性値ではなく，流体の流れの状態や固体表面の形状によって複雑に変化する．そのため，理論から熱伝達率を予測するのは難しく，さまざまな条件により熱伝達率の実験値を整理してつくった相関式により求められる．相関式では現象に関連する無次元数が複数用いられる．無次元数はその定義と物理的な意味の両方が重要である．

具体的には，強制対流熱伝達での相関式は，**ヌッセルト数**（Nusselt number）（$\mathrm{Nu} = hx/\lambda$）がレイノルズ数（$\mathrm{Re} = \rho u x/\mu$）およびプラント

ヌッセルト数の物理的意味

hx/λ を変形して $h/(\lambda/x)$ として分母分子に温度差を掛けると分母が式 (3.2) で分子が式 (3.8) となることから，ヌッセルト数は対流伝熱速度と伝導伝熱速度の比を表していることがわかる．ヌッセルト数，レイノルズ数などの無次元数については 1.1 節でも解説されている．

第3章 伝 熱

表3.3 伝熱系の代表的な相関式と適用範囲

伝熱系	相関式	適用範囲
(1) 円管内の発達した層流の強制対流伝熱	$Nu = 1.86 \, Re^{\frac{1}{3}} \, Pr^{\frac{1}{3}}$ $\times \left(\dfrac{L}{l}\right)^{\frac{1}{3}} \left(\dfrac{\mu}{\mu_w}\right)^{0.14}$	$Re \leq 2.1 \times 10^3$
(2) 円管内の発達した乱流の強制対流伝熱	$Nu = 0.023 \, Re^{0.8} \, Pr^{0.4}$	$0.7 \leq Pr \leq 120$ $10^4 \leq Re \leq 1.2 \times 10^5$
(3) 平板上の発達した乱流の強制対流伝熱	$Nu = 0.036 \, Re^{0.8} \, Pr^{\frac{1}{3}}$	$0.6 \leq Pr \leq 400$
(4) 垂直平板上の自然対流伝熱（層流）	$Nu = 0.555 \, (Gr \cdot Pr)^{\frac{1}{4}}$	$10^4 \leq Gr \cdot Pr$

表3.3の相関式の使用上の注意
・代表長さ L および Re を求めるにあたり，(1)，(2) では管内径をとり，(3)，(4) では平板長さをとる.
・(1) の μ_w は壁温での粘度で，μ は主流の平均温度における粘度である.

ル数 (Pr) の関数で表され，自然対流熱伝達においてはヌッセルト数がプラントル数および**グラスホフ数** (Grashöf number) $(Gr = x^3 g \beta$ $(T_w - T_\infty)/\nu^2)$*の関数となり，伝熱の状況に応じた相関式に各物理量を代入して熱伝達率 h を求める. **表3.3** に代表的な相関式を示す. なお，これらの相関式を使用する場合には，その適用範囲に十分注意してほしい.

* β [K^{-1}] は流体の体膨張係数で，T_w は固体表面 (壁) の温度 [K]，T_∞ は流体温度 [K] である.

【例題3.2】 次の文章中のカッコの中に適切な字句，数値，数式または記号を入れよ.

内径 D の長い円管内を流れる流体への壁からの対流伝熱と流動について考える. 流れの速度が十分に小さい場合，管内を十分な距離だけ進んだ位置における流れの状態は (1) である.

流体と円管壁との間の熱の移動しやすさを表す量として，熱伝達率が用いられ，その単位は (2) である. 一般的に熱伝達率は無次元数であるヌッセルト数を用いる相関式から求められ，例えば円管内で発達した強制対流伝熱におけるヌッセルト数 Nu は無次元数 (3) と (4) を用いて次のかたちの式 (5) で書かれる.

【解】 (1) 層流　(2) W m^{-2} K^{-1}　(3)，(4) はレイノルズ数もしくはプラントル数　(5) $Nu_D = C \, Re_D{}^m \, Pr^n$（$C$ は定数，Re_D は内径 D を代表長さとしたレイノルズ数，Pr は流体のプラントル数）　∎

3.4 放 射 伝 熱

放射伝熱（ふく射伝熱）(radiation heat transfer) は，これまで解説した伝熱の熱伝導や対流伝熱と比べて，伝熱の機構が全く異なる. 放射伝熱では，高温の物体がもつ熱が電磁波により，空気や宇宙空間のような中間の物質に関係なく低温物体に伝わる. 電磁波が低温物体にあ

32

たると，一部は吸収されて残りの電磁波は反射され，吸収された電磁波により低温物体が加熱される．放射伝熱は物理学で扱われる多くの法則に従うので，これらを理解したうえで伝熱量の計算方法を学ぼう．

3.4.1 熱放射

一般に放射とは物体がエネルギーを電磁波として放出する現象であり，電磁波の放射や吸収が，物体内部の電子や分子などの熱運動に関係するものを特に**熱放射**（thermal radiation）という．熱放射によるエネルギー量は物体の温度と波長により変化し，おもに扱う波長は可視光から赤外領域 ($0.78\,\mu\mathrm{m}$ ($780\,\mathrm{nm}$) $\sim 1000\,\mu\mathrm{m}$ 程度) である．

物体に電磁波が照射されると，その一部は吸収され，一部は反射され残りは透過する．その割合をそれぞれ**吸収率**（absorvity）α，**反射率**（reflectivity）ρ，**透過率**（transmissivity）τ とすると，エネルギー保存則から次式が成立する．

$$\alpha + \rho + \tau = 1 \qquad (3.11)$$

ここで，理想的な熱放射物体として $\alpha = 1$，$\rho = \tau = 0$，つまり熱放射をすべて吸収する物体を想定する．これを**黒体**（black body）といい，さまざまな物体からの熱放射を考えるうえで基本となる．

単位面積の物体表面から単位時間に放射される全波長エネルギー E を**放射エネルギー流束**（あるいは**射出能**，emissive power, energy flux density）といい，$\mathrm{W\,m^{-2}}$ の単位をもつ．

最大の放射エネルギー流束は，黒体から放射される単一波長のエネルギーで得られ，このとき E_λ を**単色放射エネルギー流束**（あるいは**単色射出能**，monochromatic emissive power）という．

プランクは，黒体の単色放射エネルギー流束 $E_{b\lambda}$ を波長 $\lambda\,[\mathrm{m}]$ と温度 $T\,[\mathrm{K}]$ の関数として，次に示す複雑な式を示した．

$$E_{b\lambda} = \frac{C_1}{\lambda^5 (\mathrm{e}^{C_2/(\lambda T)} - 1)}\,[\mathrm{W\,m^{-3}}] \qquad (3.12)$$

$$C_1 = 3.74 \times 10^{-16}\,\mathrm{W\,m^2} \qquad C_2 = 1.44 \times 10^{-2}\,\mathrm{m\,K}$$

これを**プランクの（黒体放射の）法則**（Plank's law of black body radiation）と呼び，C_1, C_2 はそれぞれプランクの第1，第2定数と呼ばれる．この式が表す，一定温度のもとで波長 λ が変化した場合の $E_{b\lambda}$ の変化を調べよう．まず，$\lambda = 0$ では熱放射がないため $E_{b\lambda}$ は0である．波長が0から大きくなるとともに $E_{b\lambda}$ は増加した後に減少して λ が ∞ になると $E_{b\lambda}$ は0になる．温度を変えてこの関係を描くと，単色放射エネルギー流束の極大値を与える波長 $\lambda_{\max}$ は温度 T の上昇とともに小さくなる．これらの関係をウィーンは以下の式でまとめた．

代表的な光の波長域
紫外領域：約 $10\,\mathrm{nm} \sim$ 約 $380\,\mathrm{nm}$
可視光：約 $380\,\mathrm{nm} \sim$ 約 $780\,\mathrm{nm}$
赤外領域：約 $780\,\mathrm{nm} \sim$ 約 $1000\,\mu\mathrm{m}$

黒体とは？

単色とは？
光のような放射エネルギーでは，色と波長が対応関係にある．波長が単一であればその波長に応じた色のみ，つまり単色の状態である．

プランクの法則

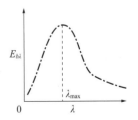

プランクの法則で T をパラメータとして $E_{b\lambda}$ と λ の関係を図示する．$E_{b\lambda}$ の最大値はウィーンの変位則（次ページ参照）に従って変化している．

$$\lambda_{\max} T = 2.898 \times 10^{-3}\,\mathrm{m\,K} \qquad (3.13)$$

この関係を**ウィーンの変位則**（Wien's displacement law）と呼ぶ．

次に，黒体の単位表面積単位時間あたりの放射エネルギーの全量はどれくらいの大きさになるか考えよう．この大きさを示すのが，**ステファン-ボルツマンの法則**（Stefan-Boltzmann's law）である．温度 $T\,[\mathrm{K}]$ のとき，プランクの法則による $E_{b\lambda}$ について波長 λ を 0 から ∞ まで積分し，定数 σ を用いると，黒体表面の**全放射エネルギー流束** E_b（total emissive power）が得られる．

$$E_b = \sigma T\,[\mathrm{W\,m^{-2}}] \qquad (3.14)$$
$$(\sigma = 5.67 \times 10^{-8}\,\mathrm{W\,m^{-2}\,K^{-4}})$$

ここで，σ を**ステファン-ボルツマン定数**（Stefan-Boltzmann's constant）と呼ぶ．この式は，黒体の放射エネルギー流束 E_b が絶対温度の 4 乗に比例するという重要な関係を示している．

3.4.2 放射率（射出率）

これまでは理想的な熱放射物体として黒体を考え，一定温度の物体では黒体が最大の放射エネルギー流束を示す．一般の物体では黒体よりも放射エネルギー流束が小さいことから，一般の物体からの放射エネルギー流束 E を，その物体と同じ温度の黒体放射エネルギー流束に対する割合という形で次のように表す．

$$E_\lambda = \varepsilon_\lambda E_{b\lambda}$$
$$E = \varepsilon E_b = \varepsilon \sigma T^4 \qquad (3.15)$$

ここで，ε_λ および ε は，その物体の**単色放射率**（あるいは**単色射出率**，monochromatic emissivity）および**全放射率**（total emissivity）と呼ばれ，物体の表面温度および表面の特性によって定まる．

特に ε_λ が波長により変化せず ε も温度により変わらない理想的な物体を**灰色体**（gray body）と呼ぶ．産業界で用いる工業材料は，灰色体として扱っても問題ない．参考にさまざまな物質の放射率の値を**表3.4**に示す．式 (3.15) は灰色体（一般の工業用材料）の放射エネルギー

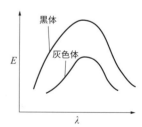

灰色体

灰色体は黒体の ε 倍の放射率をもつ．

表3.4 各種物体の放射率

物体	状態	温度 [K]	放射率 [－]
アルミニウム	研磨面	311	0.04
	酸化面	311	0.08
鉄	研磨面	373	0.066
	圧延鋼板	294	0.66
耐火れんが	釉あり，粗面	1273	0.38
油性塗料	各種色	373	0.92〜0.96

流束を求める式として重要である．

3.4.3 キルヒホッフの法則

3.4.1項で述べた吸収率について，吸収率と放射率の関係について考える．黒体以外の一般の物体の吸収率も放射率と同様に波長によって変化し，波長がλから$\lambda+d\lambda$の範囲のときの吸収率α_λを**単色吸収率**（monochromatic absorbance）と呼ぶ．

いま，熱放射が平衡状態になっている物体を考える．平衡状態であるから，物体に入射して吸収されるエネルギーと物体が放出するエネルギーは等しい．ある物体に入射する単色放射エネルギー流束をI_λとおくと，

$$E_\lambda = \alpha_\lambda I_\lambda \tag{3.16}$$

となる．また物体が黒体の場合，$\alpha_\lambda = 1$なので$E_\lambda = I_\lambda$となり，E_λの定義より$E_\lambda = \sum E_{b\lambda}$であるので結局，

$$E_\lambda = \alpha_\lambda I_\lambda = \alpha_\lambda E_{b\lambda} = \varepsilon_\lambda E_{b\lambda}$$
$$\therefore \alpha_\lambda = \varepsilon_\lambda \tag{3.17}$$

となり，どんな物体でも単色放射率と単色吸収率は同じ値となるという重要な性質が導かれる*．これを**キルヒホッフの（熱放射の）法則**（Kirchhoff's law of thermal radiation）といい，灰色体の場合は$\sum \alpha_{\beta\lambda} = \alpha_\lambda$となる．

* 言い換えると，放射エネルギーをよく吸収する物体ほどよく放射する性質をもつということである．

3.4.4 物体間の放射伝熱

物体間の放射伝熱量を求めるためには，i）伝熱面の位置関係および，ii）各面ごとの熱収支を把握する必要がある．

いま，黒体二面間の放射伝熱について考える．一方の黒体面（面1）から放射され他方の黒体面（面2）に吸収される熱量は，面2が面1をすべて覆っていない限り面1から放射される全放射エネルギーのうちの一部となり，その割合は二つの面の相対的な位置関係によって決定される．これを**形態係数**（**角関係**）（shape factor）と呼び，このときの面1から面2への正味の放射伝熱量$Q_{1\text{-}2}$は，

$$Q_{1\text{-}2} = \sigma(T_1^4 - T_2^4)A_1 F_{1\text{-}2} \tag{3.18}$$

と表される．ここで添字の1-2は面1から面2への放射を意味する．また，形態係数のもつ幾何学的意味から次の関係が成立する．

$$A_i F_{i\text{-}j} = A_j F_{j\text{-}i}, \quad \sum_{i=1}^{n} F_{j\text{-}i} = 1 \quad (1 \leq i, j \leq n) \tag{3.19}$$

表3.5に代表的な面の組み合わせの場合の形態係数を示す．

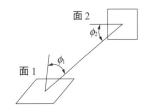

空間内の**2面間**での放射伝熱

面1から放射されるエネルギーの一部のみが面2に吸収される．

第3章　伝　熱

表3.5　代表的な面の組み合わせの場合の形態係数

	面の組み合わせ	形態係数
Ⅰ	1 2 広い平行平面 一方から射出された放射エネルギーはすべて他方に到達する	$F_{1\text{-}2} = F_{2\text{-}1} = 1$
Ⅱ	2　1 表面に凹部のない物体1が物体2の内面に完全に囲まれている 1から放出された放射エネルギーはすべて2に到達する.式(3.19)より, $F_{2\text{-}1} = \dfrac{A_1}{A_2}F_{1\text{-}2} = \dfrac{A_1}{A_2}$	$F_{1\text{-}2} = 1$ $F_{2\text{-}1} = A_1/A_2$
Ⅱ	2　1 円管2の内側に同心の円柱(あるいは円管)1がある (上欄と同じ)	$F_{1\text{-}2} = 1$ $F_{2\text{-}1} = A_1/A_2$ 二つの表面間の間隙が小さければ $(A_1 \fallingdotseq A_2)$, $F_{1\text{-}2} = F_{2\text{-}1} = 1$

【例題 3.3】 次の文章のカッコの中に適切な数値あるいは数式を入れよ.

内径 D_{1i},外径 D_{1o},熱伝導率 k_1 の内管と,内径 D_{2i},外径 D_{2o},熱伝導率 k_2 の外管から成る,長さ L の二重管について考える.

まず,二重管の環状部分を真空にした場合を考える.ただし,管表面はすべて黒体表面と見なせるとする.外管の温度を 1000 K に保った場合に,外管から射出される放射のスペクトル分布は,(有効数字2桁として)おおよそ(1)μm の波長で最大値となる.一方,内管の外管に対する形態係数 $F_{1\text{-}2}$ の値は(2)であり,外管の内管に対する形態係数 $F_{2\text{-}1}$ の値は(3)である.ここで,管の長さを 1 m,内管の外径を 10 cm,外管の内径を 20 cm とし,内管の温度を 100 K に保ったとすると,外管から内管への放射による伝熱量 Q は(4)W となる.ただし,ステファン-ボルツマン定数は $5.67 \times 10^{-8}\,\mathrm{W\,m^{-2}\,K^{-4}}$ とする.

【解】 1)黒体放射において,単色放射強度の極大点を示す波長 $\lambda_{\max}$ と黒体温度 T との間にはウィーンの変位則が成り立つので,

$$\lambda_{\max} = \frac{2.898 \times 10^{-3}}{T} = 2.898 \qquad よって\ 2.9\,\mu\mathrm{m}$$

2)面1から面2を見た場合,面1は外に向かって凸であるので $F_{1\text{-}1} = 0$ である.よって $F_{1\text{-}1} + F_{1\text{-}2} = 1$ より $F_{1\text{-}2} = 1$ となる.よって,求める形態係数は 1.

3)$F_{1\text{-}2} = 1$ および $A_1 F_{1\text{-}2} = A_2 F_{2\text{-}1}$ より $F_{2\text{-}1} = A_1/A_2 = D_{1o}/D_{2i}$

4)二重管両端の面積は管壁面の面積に比べて非常に小さいので無視し,式(3.19)を適用すると,放射率＝1.先に求めた形態係数および各面積を代入して整理すると,

$$Q = -A_1 \sigma (T_1^4 - T_2^4) = 1.78 \times 10^4\,\mathrm{W} \qquad ■$$

36

3.5 熱交換

工場では，液体の加熱や冷却のために，コイル状に巻いた金属管を液体に浸して，管の内部に高温水蒸気や冷却水を流通させることが多い．この場合，高温の流体と低温の流体は直接混ざり合わずに，熱エネルギーのみが移動する**熱交換**（heat exchange）が行われる．熱は流体から固体壁へ，次に固体壁内を伝わり，さらに固体壁から別の流体に移動する一連の過程で移動し，これを**熱通過**（**熱貫流**）（heat transmission, heat flow）と呼ぶ．これまでに述べた熱伝導や熱伝達は熱通過の要素過程である．ここでは熱交換に関する基礎的な事項を述べ，次いで代表的な形式の熱交換器を対象とする交換熱量の計算や性能評価について概説する．

3.5.1 熱通過抵抗，熱通過率

熱交換の基本的な形態として，壁を隔てて高温流体から低温流体へ熱が移動する場合を考える．各温度，熱伝達率，熱伝導率，平板厚さを図3.7のように定める．伝熱面積Aを通過する熱量をQとすると，定常状態ならばQはどの要素過程でも等しく，

$$Q = h_1 A (T_h - T_{wh}) = \frac{\lambda A}{L}(T_{wh} - T_{wc}) = h_2 A (T_{wc} - T_c) \tag{3.20}$$

と表される*．これをまとめると，

$$Q = \frac{T_h - T_c}{\dfrac{1}{h_1 A} + \dfrac{L}{\lambda A} + \dfrac{1}{h_2 A}} \tag{3.21}$$

となり，分母を次式でまとめる．

$$R = \frac{1}{h_1 A} + \frac{L}{\lambda A} + \frac{1}{h_2 A} \tag{3.22}$$

Rは一連の伝熱過程での抵抗を一つにまとめた**伝熱抵抗**（**熱通過抵抗**）（heat flow resistance）である．伝熱面積は熱交換器の重要な特徴であるため，熱通過抵抗に伝熱面積を乗じて逆数をとった値は**熱通過率**（**総括熱伝達係数**）（thermal transmissivity, over-all heat transfer coefficient）Kといい*，次式のように表される．

$$Q = KA(T_h - T_c) \qquad K = \frac{1}{RA} \tag{3.23}^\dagger$$

高温流体から低温流体への交換熱量は，要素の伝熱過程のうちで最も大きな伝熱抵抗に支配される．

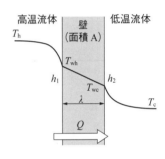

図3.7 固体壁を隔てた高温流体から低温流体への伝熱

* 添字のhは高温流体，cは低温流体，wは壁面を示す．

* 総括熱伝達係数は総括伝達係数とも呼ばれる．

† 伝熱量Qが複数の伝熱抵抗の組み合わせで決まる場合は，伝導伝熱での積層平板の場合，3.2.3項2)の式(3.7)や，3.3節での対流伝熱の式(3.9)のように多くの例がある．

3.5.2 熱交換器

各種熱交換器の分類例を**表3.6**に示す．各形式の構造の詳細については他書に譲り，ここではおもに，二重管式の**並流**（parallel flow）型および**向流**（counter flow）型の熱交換器について，熱の交換やその性能を述べる．

表3.6 構造の特徴による熱交換器の分類

管型	二重管型熱交換器 シェル・アンド・チューブ型熱交換器
プレート型	プレート型熱交換器
フィン付き面型	プレート・アンド・フィン型熱交換器（コンパクト型熱交換器） フィン・アンド・チューブ型熱交換器（プレートフィン，円周フィン）
蓄熱式	回転式熱交換器 ｛軸流／半径流｝ 固定マトリックス熱交換器

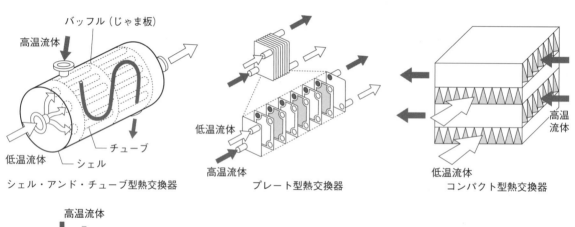

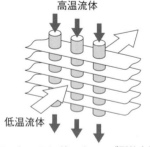

図3.8 熱交換器の構造（一般社団法人 日本機械学会『伝熱工学』JSME テキストシリーズ，丸善（2005）より作図）

並流型の特徴としては，流体が同方向に流れるため低温流体の流出温度は高温流体の流出温度以上にはならない．また向流型では，流体が互いに反対方向に流れるため，低温流体の流出温度を高温流体の流入温度近くまで上昇させることが可能で，熱交換効率が高い．

1) 熱交換量の算出

熱交換量は 2 つの式で求められ，ひとつの式では伝熱面積，熱通過率および二流体間の温度差が必要である．二流体間の温度差には式 (3.10) で求めた対数平均温度差 ΔT_m を適用する．ここで，ΔT_1 および ΔT_2 には熱交換器の両端における流体間の温度差を用いる．以上により全熱交換量を与える式は次式のように表される．

$$Q = KA\Delta T_m = \frac{\Delta T_m}{R} \qquad (3.24)$$

なお，ΔT_m を求める式は並流，向流に関係なく適用できる．上式は二重管式の熱交換器を前提にして導かれたが，他の構造をもつ熱交換器の場合，上式に修正係数を乗じた式により全熱交換量が与えられる．修正係数の値は熱交換器の形式ごとにデータブック等に詳細に掲載されている．

熱交換量を求めるもうひとつの式は，流体の定圧比熱，流体の質量流量，高温・低温流体の入口・出口の温度である．式 (3.24) と異なり，高温流体が失った熱量と低温流体が得た熱量が等しいという，熱エネルギー収支式である．

$$Q = C_{ph}W_{\mathrm{h}}(T_{\mathrm{h}1} - T_{\mathrm{h}2}) = C_{pc}(T_{\mathrm{c}2} - T_{\mathrm{c}1}) \qquad (3.25)^*$$

この式は第 1 章の 1.4.2 項で学んだものと同じ式である．

2) 熱交換器の性能評価

熱交換器の性能を評価するものとして**温度効率**（temperature efficiency）η がある．温度効率とは，両流体の流入温度差に対する高温流体の温度降下あるいは低温流体の温度上昇の割合として以下のように定義される*．

$$高温：\eta_{\mathrm{h}} = \frac{T_{\mathrm{h,\,in}} - T_{\mathrm{h,\,out}}}{T_{\mathrm{h,\,in}} - T_{\mathrm{c,\,in}}} \qquad (3.26)$$

$$低温：\eta_{\mathrm{c}} = \frac{T_{\mathrm{c,\,out}} - T_{\mathrm{c,\,in}}}{T_{\mathrm{h,\,in}} - T_{\mathrm{c,\,in}}} \qquad (3.27)$$

温度効率の分母は流体が理論的に到達し得る最大の温度上昇値もしくは温度下降値の意味で，分子は実際に実現する最大の温度上昇値もしくは温度下降値を表している．一般的に向流型熱交換器の温度効率は並流型熱交換器に比べて大きい．

【例題 3.4】平板壁の両側を温度の異なる流体 A，B が壁表面に沿って流れている．流体 A，B 側の熱伝達率はそれぞれ 1000 W m^{-2} K^{-1}，100 W m^{-2} K^{-1} であり，壁材料の熱伝導率は 10 W m^{-1} K^{-1}，壁の厚さは 1 cm である．この系において流体 A と流体 B との温度差が 96 K であると

熱交換器の修正係数

代表的な熱交換器の修正係数は，日本機械学会『伝熱工学』JSME テキストシリーズ（丸善，2005）や，吉田邦夫・吉田英生監修『熱交換器ハンドブック』（省エネルギーセンター，2005）に掲載されている．

* C_p の単位は J kg^{-1} K^{-1}，W の単位は kg s^{-1} で，添字の h は高温流体，c は低温流体を表し，1，2 は各流体の入口と出口を表す．

* 添字の in は入口側，out は出口側を示す．また，h は高温流体，c は低温流体，in は入口，out は出口を示す．

第3章 伝 熱

き，次の問いに答えよ．

1) 壁を通して伝わる熱流束を求めよ．

2) この熱通過における流体Aと壁との間の熱抵抗を R_{AW}，壁内の熱抵抗を R_W，また，壁と流体Bとの間の熱抵抗を R_{BW} とすると，壁を通過する熱流束を増大させるためには，R_{AW}，R_W，R_{BW} のうちどれを小さくすることが最も有効であるか．

【解】 1) 式 (3.21) と $q = Q/A$ より，

$$q = \frac{\Delta T}{\dfrac{1}{h_1} + \dfrac{L}{\lambda} + \dfrac{1}{h_2}} = \frac{96}{\dfrac{1}{1000} + \dfrac{0.01}{10} + \dfrac{1}{100}} = 8000 \ \mathrm{W \ m^{-2}}$$

2) それぞれの熱抵抗は，$R_{AW} = 1/h_1 = 1.0 \times 10^{-4} \ \mathrm{m \ K \ W^{-1}}$，$R_W = L/\lambda = 1.0 \times 10^{-4} \ \mathrm{m \ K \ W^{-1}}$，$R_{BW} = 1.0 \times 10^{-3} \ \mathrm{m \ K \ W^{-1}}$．したがって最も熱抵抗の大きい R_{BW} を小さくするのが有効．　■

【例題 3.5】 温度が 75 ℃ の温水を使って，10 ℃ の空気を 40 ℃ まで加熱するための熱交換器をつくりたい．次の問いに答えよ．

1) 空気の流量を $0.30 \ \mathrm{kg \ s^{-1}}$ とするとき，空気の加熱に必要な熱量はいくらか．ただし空気の定圧比熱を $1.00 \ \mathrm{kJ \ kg^{-1} \ K^{-1}}$ とする．

2) 二重管式熱交換器のうち，向流式を使用すると低温流体の流出温度を高温流体の流入温度近くまで上昇させることが可能である．温水の流出温度が 50 ℃ であるとき，向流式熱交換器では両端における温水と空気の温度差はそれぞれ何 ℃ か．

3) 熱交換器内における高温，低温流体間の平均的な温度差 ΔT_m として対数平均温度差が使われるが，この熱交換器の対数平均温度差 ΔT_m はいくらか．また，熱通過率を $25.0 \ \mathrm{W \ m^{-2} \ K^{-1}}$ とすれば，必要な伝熱面積はいくらか．

【解】 1) $(1.00)(0.30)(313 - 283) = 9.0 \ \mathrm{kW}$

2) 式 (3.10) より対数平均温度差を求めると，

$$\Delta T_m = \frac{(323 - 283) - (448 - 313)}{\ln\left(\dfrac{323 - 283}{448 - 313}\right)} = \frac{5}{\ln\left(\dfrac{40}{35}\right)} = 37.4 \ \mathrm{K}$$

3) 全熱交換量 $Q = 9.0 \ \mathrm{kW}$，対数平均温度差 $\Delta T_m = 37.4 \ \mathrm{K}$ であるから，必要となる伝熱面積は式 (3.24) を用いて，

$$A = \frac{Q}{K \Delta T_m} = \frac{9.0 \times 10^3}{25.0 \times 37.4} = 9.62$$

したがって，必要な伝熱面積は $9.6 \ \mathrm{m^2}$　■

【例題 3.6】 ある加熱炉の壁は二層のれんがで構成されている．炉内側は厚さが 300 mm で熱伝導率が $1.00 \ \mathrm{W \ m^{-1} \ K^{-1}}$ の耐火れんが，外側には厚さが 100 mm で熱伝導率が $0.200 \ \mathrm{W \ m^{-1} \ K^{-1}}$ の断熱れんがが使用されてい

40

る．炉内に面する耐熱れんがの表面温度が 1200 K，外気に接する断熱れんがの表面温度が 400 K であるとき，次の各問いに答えよ．

ただし，二層のれんがの接触面での熱抵抗はなく，外気および加熱炉周囲の温度を 300 K，断熱れんが表面の放射率を 0.80 とする．また，ステファン-ボルツマン定数を $5.67 \times 10^{-8}\,\mathrm{W\,m^{-2}\,K^{-4}}$ とする．

1) 炉壁を通過する熱量は単位面積当たり何 kW か．
2) 耐火れんがと断熱れんがの接触面での温度は何 K か．
3) 断熱れんがの表面から外部への熱放射による伝熱量は単位面積あたり何 kW か．
4) 断熱れんが表面における対流熱伝達率はいくらか．

例題 3.6

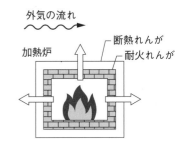

【解】1）積層平板の熱伝導より，求める熱流束 $q_c\,[\mathrm{W\,m^{-2}}]$ は，
$$q_c = \frac{1200 - 400}{\dfrac{0.300}{1.00} + \dfrac{0.100}{0.200}} = 1000\,\mathrm{W\,m^{-2}}$$
よって $q_c = 1.00\,\mathrm{kW\,m^{-2}}$

2）接触面での温度を $T\,[\mathrm{K}]$ とおくと，
$$q_c = 1000 = \frac{1200 - T}{\dfrac{0.300}{1.00}} = \frac{T - 400}{\dfrac{0.100}{0.200}} \quad \text{よって } T = 900\,\mathrm{K}$$

3）断熱れんが表面が温度 300 K の黒体で囲まれていると考え，放射熱流束 $q_r\,[\mathrm{W\,m^{-2}}]$ を求める．断熱れんがの放射率 ε，ステファン-ボルツマン定数 σ とおくと，
$$q_r = \varepsilon \sigma (400^4 - 500^4)$$
$$= 0.80 \times 5.67 \times 10^{-8} \times (400^4 - 300^4) = 793.8$$
よって $q_r = 0.79\,\mathrm{kW\,m^{-2}}$

4）熱収支より，対流熱伝達により断熱れんが表面から外気に伝達される熱流束 $q_t\,[\mathrm{W\,m^{-2}}]$ は，以下の式により表される．
$$q_c = q_r + q_t$$
また，対流熱伝達率 $h\,[\mathrm{W\,m^{-2}\,K^{-1}}]$ を用いると $q_t\,[\mathrm{W\,m^{-2}}]$ は，
$$q_t = h(400 - 300)$$
$q_c = 1000\,\mathrm{W\,m^{-2}}$, $q_r = 793\,\mathrm{W\,m^{-2}}$ より，
$$q_c - q_r = 206 = h(400 - 300)$$
したがって $h = \dfrac{206}{400 - 300} = 2.06$

よって対流熱伝達率は $2.1\,\mathrm{W\,m^{-2}\,K^{-1}}$ ∎

演習問題

3.1 厚さ 10 mm で全表面積 25 m² のコンクリート製の壁がある．壁の片面の表面は 273 K で，もう一方の面は 308 K であり，熱が壁を通って定常状態で移動している．コンクリートの熱伝導率は $0.1\,\mathrm{W\,m^{-1}\,K^{-1}}$ である．

第3章 伝熱

(1) 壁を通る熱流束 [W m^{-2}] を求めよ．

(2) 温度が 273 K の壁から空気への放熱量 [W] を求めよ．

3.2 外径が 70 mm で内径が 50 mm の鋼鉄管内に，平均温度 333 K，平均流速 2 m s^{-1} の水が流れており，管内の水から管壁を通って外側の空気に熱が移動している．鋼鉄の熱伝導度は 46 W m^{-1} K^{-1} で，管内での対流熱伝達係数は 4.8 kW m^{-2} K^{-1} で管外表面では 120 W m^{-2} K^{-1} である．管長 1 m として管の外表面基準の総括熱伝達係数を求めよ．

3.3 放射伝熱を考える場合，黒体という理想的な物体を考える．絶対温度 T の黒体があり，この黒体からはエネルギーが波（電磁波）として放射される．

(1) この放射エネルギーの全量を求めるための最も重要な法則名を答えよ．

(2) 次の文章の ① から ⑥ に適切な語句を入れよ．

(1) の法則は，黒体からの全放射エネルギーが絶対温度の ①＿＿＿乗に比例することを示している．一方，伝導伝熱や対流熱伝達では，伝熱量は絶対温度の ②＿＿＿乗に比例する．物体が「黒体」であるとき放射されるエネルギーにはさまざまな ③＿＿＿をもつものがある．特定の ③＿＿＿でのエネルギー値のことを ④＿＿＿＿＿＿と呼び，その単位は ⑤＿＿＿＿＿＿である．

3.4 二重管式の熱交換器を用いる場合，向流式と並流式の違いを計算で確かめよう．水を 500 kg h^{-1} の流量で二重管式熱交換器に流通し，303 K から 333 K まで加温したい．この加熱には 393 K の油を用いて 650 kg h^{-1} で供給する．

ここで，水と油の比熱容量はそれぞれ 4.20×10^3，1.89×10^3 J kg^{-1} K^{-1} とし，総括熱伝達係数 K を 465 W m^{-2} K^{-1} とする

(1) 水と油を向流で流す場合の，必要伝熱面積を求めよ．

(2) 水と油を並流で流す場合の，必要伝熱面積を求めよ．

Column

ノート PC やスマホを上手に冷やすには

最近の住宅では，窓を小さくして断熱性を高める構造が多くなっている．断熱により冷暖房コストが低減できるといわれ，熱移動を低く抑えるメリットがある．逆に，発熱源の冷却では熱移動を高める方策が求められている．スマホや PC を長時間使っていると発熱して，誤作動が起こることがあるし，AI の活用が進み，データ処理のためのサーバー PC からの発熱は増える一方であり，多数のサーバー PC が置かれたデータセンターは強力なクーラーなしに安定稼働はできない．クーラーが使えない場合のスマホやノート PC などの小型デバイスからの発熱をいかに除去するか（冷却するか）は大きな技術課題で，ベーパーチャンバー（vapor chamber）（**写真**は内部構造を示す）と呼ばれる伝熱装置が注目されている．チャンバー内部に封入された液体の相変化と流動によって熱移動を促進する仕組みで，蒸発と凝縮での潜熱をうまく利用する試みが行われている．

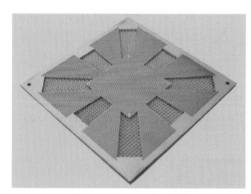

ベーパーチャンバーの内部構造の例
水田 敬 博士（鹿児島大学）提供

流　動

　流動 (flow) は，自然，生活，産業のあらゆる場面で見られる現象である．流動は流体すなわち気体や液体が流れる運動であり，本章では流体の流動現象を，速度やエネルギーの観点から定量的に扱う方法を学習する．特に，工業的に重要な円管内の流動を中心に解説する．具体的には，流体の基本的な性質と流動状態の評価方法，円管内を流れる流体の流速分布と平均速度，円管内流動における圧力と流速との関係，流体流れに成立するエネルギー保存の法則について学び，流体を輸送するプロセス設計のための基礎知識を習得する．

4.1　流体流れの基礎

4.1.1　流体流れの基礎

　流体 (fluid) とは気体と液体であり，流体の性質は，**密度** (density) と**粘性係数（粘度）**(viscosity coefficient, viscosity) で表され，両方の値は温度とともに変化する．流体には**粘性** (viscosity) があり，この特性を説明するには，流れる流体に働く力を考える必要がある．流体は一部が変形されると，それに従ってその周囲の流体も変形する．このとき周囲の流体は，動いている流体に引きずられて流れると同時に，引きずろうとする力に対して抵抗力を及ぼす．このように，加わった力に抵抗を示す性質が流体の粘性である．また，この抵抗力はせん断力 [N] と呼ばれる．

4.1.2　ニュートンの粘性法則

　図 4.1 に示すように，流体中に 2 枚の平板を置き，下側の平板を固定して，上側の平板に x 方向に力 F を加えて一定速度 $U\,[\mathrm{m\,s^{-1}}]$ で動かす場合に生じる流動を考える．平板の間の流体を，積み上げられたトランプカードに見立てると，粘性による流動を理解しやすい．上側の平板が動くと，板に接触する流体つまり最上面のカードが動く．その下のカードは上のカードに引きずられて移動し，さらに下のカードも順次引きずられていく．この引きずりが粘性である．

　上側の平板を動かす力 F は，平板の速度 $U\,[\mathrm{m\,s^{-1}}]$ と面積 $A\,[\mathrm{m^2}]$ に比例し，上下の板の間隔 $Y\,[\mathrm{m}]$ に反比例するので，次式の関係が成り立つ．

$$\frac{F}{A} = \mu \frac{U}{Y} \tag{4.1}$$

第4章 流 動

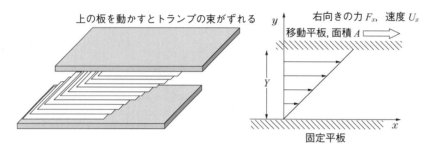

図 4.1 平板間の流体の流れと粘性

この式はせん断応力 F/A [Pa] が速度勾配 U/Y [s^{-1}] に比例することを意味しており，その比例係数 μ [Pa s] を粘度もしくは粘性係数と呼ぶ．粘度は流体の粘性の大きさを表す値であり，例えば，空気 (20 ℃) は 1.8×10^{-5} Pa s，水 (20 ℃) は 0.001 Pa s，オリーブ油 (20 ℃) は 0.09 Pa s 程度と，順に粘性は大きくなる．

一般に，速度分布は必ずしも直線ではなく，例えば円管内の流れでは図 4.2 のように速度分布は放物線の曲線となる．この場合，速度勾配は速度 u_x の位置 y による微分形 (du_x/dy) で表され，任意の位置におけるせん断応力 τ [Pa] は次式で表される．

$$\tau = -\mu \frac{du_x}{dy} \qquad (4.2)^*$$

上式の関係を**ニュートンの粘性法則** (2.1.3 項) といい，この法則に従う流体を**ニュートン流体** (Newtonian fluid) と呼ぶ．また，du_x/dy はせん断速度ともいう．言い換えれば，ニュートン流体はせん断速度 du_x/dy が変化しても粘度 μ は一定値のまま変わらない流体であり，空

せん断力とせん断応力の違い

せん断力とは物体内のある面を境にしてその両側で逆方向のずれを生じさせる**外力**で，ハサミで物体を切るときの力である．せん断応力は式 (4.1) で示されるように，せん断力を面積で除した値で，せん断力によって物体内部に生じる応力であり，せん断力と同じ方向に作用する．**内力**であるため，外力によって変形する流体内部のどこでも作用している．

* 式 (4.2) は右辺に，式 (4.1) にはなかったマイナス符号が入っている．これは y 座標のとり方によるもので，原点を x 方向に高速で流れる流体にとると，y が大きい位置での x 方向流速が原点よりも小さくなる．つまり du の値が負で dy が正になるため，マイナスをつけて打ち消す．他の書籍では式 (4.2) の右辺にマイナスがない式が示されている場合があるが間違いではなく，y 軸の原点を低速流体にとり高速流体の方向を正にすると du は正となりマイナスが不要となる．

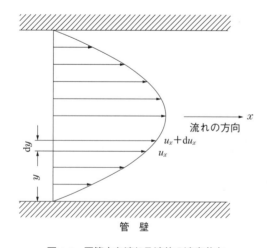

図 4.2 円管内を流れる流体の速度分布

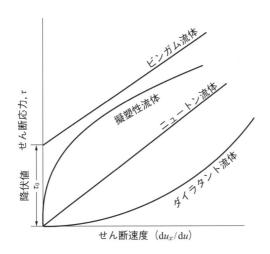

図 4.3　各種流体の流動曲線

気，水，油などの多くの流体はニュートン流体である．これに対して，粘性がせん断速度の変化（流体への力の加え方）に応じて変化する流体があり，これらは非ニュートン流体と呼ばれる．マヨネーズ，歯磨きペースト，デンプン分散液，ある種の高分子溶液は代表的な非ニュートン流体である．**図 4.3** には各種の非ニュートン流体の流動曲線を示す．この図の縦軸はせん断応力 τ で，曲線の傾きが粘度となる．非ニュートン流体では傾きが一定にならないことがあり，流体への力の加え方により粘度が変わる．

4.1.3　層流と乱流

流れの状態は**層流**（laminar flow）と**乱流**（turbulent flow）に大別される．層流と乱流の特徴は，**図 4.4** のように，管内を流れる水の中心に注入したインクの流れによって観察できる．流れが層流のとき，インクは整然と線のように流れる（図 a）．一方，乱流では渦が発生して，インクは流体全体に拡散するように流れる（図 b）．層流と乱流では状態が大きく異なり，速度分布の形や管内の摩擦係数が大きく変わるため，流れがどちらの状態にあるかを特定することは実用上きわめて重要である．流れの状態は，次式で与えられる**レイノルズ数** Re によって判別できる．

$$\mathrm{Re} = \frac{DU\rho}{\mu} = \frac{DU}{\nu} \qquad (4.3)^*$$

ここで D [m] は流路の代表径（円管であれば直径），U [m s^{-1}] は平均の流速，ρ [kg m^{-3}] は流体の密度，μ [Pa s]（= [kg m^{-1} s^{-1}]）は流体の粘度，ν [m^2 s^{-1}] は粘度 μ を密度 ρ で除した値であり，動粘度と呼

ビンガム流体・擬塑性流体・ダイラタント流体

　ビンガム流体とは，歯磨きペーストやバターのようにある程度の力を加えないと流動しない流体である．この力は図 4.3 で見られるように切片 τ_0 をもつのが特徴で，切片の値は降伏値と呼ばれる．

　擬塑性流体とはマヨネーズやケチャップなどで，降伏値はもたないものの力を加えると粘度が低下する流体であり，チューブに入っている食品の多くがこの流体である．

　ダイラタント流体とは，ビンガム流体や擬塑性流体とは逆に，力を加えると粘度が上がる流体である．片栗粉と水を混ぜると，デンプン粒子の分散液となり，力を加えると水中での粒子の凝集が密になり固体になるが，力を除くと凝集が解けて粘度が低下する．ポンプで送液するのが厄介な流体として知られる．

---

* 式（1.1）と比べると使用している記号が異なるが，内容は同じであることを確認されたい．

第4章 流　動

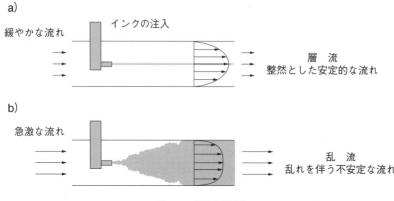

図 4.4　層流と乱流

ぶ．単位を整理すると，すべて消去されて無次元になる．すなわち，レイノルズ数 Re は無次元数の一種である．レイノルズ数 Re の値を求めることで，次のように流れの状態を判定できる．

$$\left.\begin{array}{l} 層流域：Re < 2300 \\ 遷移域：Re = 2300 \sim 4000 \\ 乱流域：Re \geqq 4000 \end{array}\right\} \quad (4.4)$$

Re = 2300 を臨界レイノルズ数といい，これを超えると層流状態は乱流状態へと移り変わり始める．Re = 4000 程度までは層流と乱流とが共存する遷移域となる*．

* レイノルズ数は無次元数の代表として 1.1 節で扱っているので参照されたい．

【例題 4.1】次の流れの状態を判定せよ．
(i) 密度 1000 kg m^{-3}，粘度 0.001 Pa s の水が直径 0.2 cm の細管内を断面平均流速 1 m s^{-1} で流れている．
(ii) 密度 1000 kg m^{-3}，粘度 0.001 Pa s の水が直径 20 cm の鋼管内を断面平均流速 0.01 m s^{-1} で流れている．
(iii) 密度 1000 kg m^{-3}，粘度 0.1 Pa s の油が直径 20 cm の鋼管内を断面平均流速 1 m s^{-1} で流れている．

【解】
(i) Re = 0.002 m × 1 m s^{-1} × 1000 kg m^{-3}/0.001 kg m^{-1} s^{-1} = 2000（層流）
(ii) Re = 0.2 m × 0.01 m s^{-1} × 1000 kg m^{-3}/0.001 kg m^{-1} s^{-1} = 2000（層流）
(iii) Re = 0.2 m × 1 m s^{-1} × 1000 kg m^{-3}/0.1 kg m^{-1} s^{-1} = 2000（層流）

(i)〜(iii) はすべて同じレイノルズ数であり，同じ流動状態にあると見なせる．このように，レイノルズ数 Re は無次元数であることから，流路の大きさに左右されることなく流れの状態を評価・比較することができる．■

4.2 円管内の流動

4.2.1 連続の式

図 4.5 のように,断面積の変化する流路を流体が質量流量 $w\,[\mathrm{kg\,s^{-1}}]$ で流れる場合について考える.この場合にも質量保存の法則は成立する.すなわち,任意の流路断面積を $A\,[\mathrm{m^2}]$,そこを横切って流れる流体の平均速度を $U\,[\mathrm{m\,s^{-1}}]$,密度を $\rho\,[\mathrm{kg\,m^{-3}}]$ とすると,次式が成り立つ.

$$w = \rho Q = \rho U A = 一定 \tag{4.5}$$

ここで,$Q\,[\mathrm{m^3\,s^{-1}}]$ は体積流量である.さらに,液体のような非圧縮性流体の場合には,密度 ρ が変化しないため,式 (4.5) は次式となる.

$$Q = UA = 一定 \tag{4.6}$$

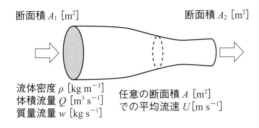

図 4.5 連続の式

例えば,内径 5 cm の円管が内径 10 cm の円管と接続されており,その中を水が流量 7850 cm³ s⁻¹ で流れているとき,流速はそれぞれ 400 cm s⁻¹,100 cm s⁻¹ となる.管径が 2 倍になり断面積は 4 倍になるので,流速は 1/4 に低下する.

4.2.2 ベルヌーイの式

化学プロセスで流体を管路に流す場合には,流体のもつ位置エネルギー,運動エネルギーや圧力エネルギーなどを考慮する必要がある.この場合のエネルギーは流体の単位質量あたりの値 $[\mathrm{J\,kg^{-1}}]$ を用いて表す.流れる流体は以下に示す位置エネルギー,運動エネルギー,圧力エネルギーをもっている.

流体の位置エネルギーは重力加速度 $g = 9.8\,\mathrm{m\,s^{-2}}$ と高さ $h\,[\mathrm{m}]$ の積として $gh\,[\mathrm{J\,kg^{-1}}]$ で表される.1 kg の流体が平均流速 $U\,[\mathrm{m\,s^{-1}}]$ で運動するとき,運動エネルギーは $U^2/2\,[\mathrm{J\,kg^{-1}}]$ と表される.

圧力エネルギーとは,流体が管路を流れるために必要なエネルギーで,管の断面に作用する圧力に逆らう仕事に対応する.その大きさは圧力 $P\,[\mathrm{Pa}]$ と流体 1 kg あたりの体積 $[\mathrm{m^3}]$ の積で表される.ここで,

---

ベルヌーイ

Daniel Bernoulli はスイスの物理学・数学者.『流体力学』を著し,基礎理論と実験の両面から流体力学を確立した.

流体1 kgあたりの体積[m³]とは流体密度の逆数であるので，P/ρ [J kg⁻¹]で表される．

流体が管路を流れるとき，異なる位置での断面①と断面②の間で，外部から仕事が加えられない場合には，流体のエネルギーは保存され，次式で表される．

$$gh_1 + \frac{U_1^2}{2} + \frac{p_1}{\rho} = gh_2 + \frac{U_2^2}{2} + \frac{p_2}{\rho} \tag{4.7}$$

この式は流体のもつ位置，運動，圧力エネルギーの総和が常に一定であることを表し，**ベルヌーイの式**（Bernoulli equation）と呼ばれている．

ベルヌーイの式の成立条件
　この式が成立する条件は，流体の粘性がない完全流体であることと，①と②での2点が同一流線上にあり，エネルギーの総量に変化がないことである．
　現実の流体にこの式を適用するには，粘性や圧縮性などの修正を組み合わせ，簡略化や仮定をおいて解く．

4.2.3　円管内の層流流動

流れが層流の状態にあるとき，円管内の流速分布は，図4.2に示すように放物線状になる．実際に，その曲線は二次関数で表される．図4.2のように，円管の半径方向に座標軸rをとり，中心を$r=0$，管壁を$r=R$とおく．流速uは管壁で0，中心で最大値u_{max}となり，分布が二次関数（放物線）となることを考慮すると，その流速分布は次式で与えられる．

$$u = u_{max}\left\{1 - \left(\frac{r}{R}\right)^2\right\} \tag{4.8}$$

円管内や固体壁まわりの流動では壁面での流速はゼロ
　流体が粘性をもつために流体分子は壁面に付着して流速はゼロとなる．ただし，流体が付着しにくい特殊な表面の場合や，非ニュートン流体を扱う場合では壁面での流速が考慮され，このときの速度をスリップ速度と呼ぶ．

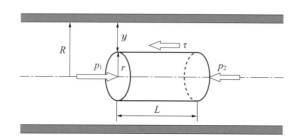

図4.6　円管内を流れる流体中の仮想円柱とハーゲン-ポワズイユの法則（式(4.15)参照）

ここで，流体に働く力のバランスに基づいて式(4.8)を導出してみよう．円管内の流体において，**図4.6**で示される半径r，長さLの円柱部分を考える．左端の面に圧力p_1，右端の面に圧力p_2が作用し，円柱の側面にはせん断応力τが作用しているとする．

せん断応力は先に述べたように粘性による抵抗力であるので，流れに沿ってエネルギーが消費される．そのため，下流側の圧力p_2は上流側の圧力p_1より小さくなり，圧力損失$\Delta p = p_1 - p_2$を生じる．このとき，面積πr^2の左右の端面に作用している力の差は，面積$2\pi rL$の側面に作用しているせん断応力に等しい．二つの力のバランスを次式のよ

うに表す.

$$\pi r^2 \Delta p = 2\pi r L \tau \tag{4.9}$$

一方,ニュートンの粘性法則式(4.2)をこのケースに適用すると,u は r に対する減少関数であることから負符号をつけて,次式で表される.

$$\tau = -\mu \frac{du}{dr} \tag{4.10}$$

式(4.10)を式(4.9)に代入して整理すると,次式を得る.

$$-\mu \frac{du}{dr} = \frac{\Delta p}{2L} r \tag{4.11}$$

中心 $r = 0$ から任意の半径位置 r まで積分すると,

$$\int_{u_{\max}}^{u} du = -\frac{\Delta p}{2\mu L} \int_0^r r\, dr$$

$$u = u_{\max} - \frac{\Delta p}{4\mu L} r^2 \tag{4.12}$$

境界条件 $r = R$, $u = 0$ を式(4.12)に代入すると,次式を得る.

$$u_{\max} = \frac{\Delta p}{4\mu L} R^2 \tag{4.13}$$

式(4.12),(4.13)から $\Delta p / (4\mu L)$ を消去して整理すると,式(4.8)が導かれる.

次に,平均流速 U について考える.流速 $U\,[\mathrm{m\,s^{-1}}]$ は流量 Q $[\mathrm{m^3\,s^{-1}}]$ を断面積 $\pi R^2\,[\mathrm{m^2}]$ で除したものである.$r = r \sim r + dr$ の範囲にある微小円環(面積 $2\pi r\, dr$)を考えると,そこを流れる流体の流量 dQ は,流速 u と微小円環の面積 $2\pi r\, dr$ との積で与えられる.流量 Q は dQ を $r = 0$ から R まで積分した量に等しいことから,平均流速 U は次のように求められる.

$$U = \frac{Q}{\pi R^2} = \frac{1}{\pi R^2} \int_0^R u\, 2\pi r\, dr = \frac{1}{\pi R^2} \int_0^R u_{\max} \left\{1 - \left(\frac{r}{R}\right)^2\right\} 2\pi r\, dr$$

$$= \frac{2u_{\max}}{R^2} \int_0^R \left(r - \frac{r^3}{R^2}\right) dr = \frac{1}{2} u_{\max} \tag{4.14}$$

このように,平均流速は最大流速(中心流速)の半分である.

次に,圧力損失 Δp に注目する.式(4.13),(4.14)から $u_{\max}$ を消去して整理すると,次式を得る.

$$\Delta p = \frac{8\mu L}{R^2} U = \frac{32\mu L}{D^2} U \tag{4.15}$$

これを**ハーゲン-ポワズイユの法則**(Hagen-Poiseuille law)と呼び(図4.6参照),内径 D, 長さ L の円管内を粘度 μ の流体が層流で流れると

微小円環とこれを通る流体体積
円環断面積とは下図のアミをかけた部分で,この部分の断面積は $2\pi r\, dr$ で与えられる.この部分を通る流速 $u\,[\mathrm{m\,s^{-1}}]$ の流体は1秒間に $u\,[\mathrm{m}]$ 進むので,体積 dQ $[\mathrm{m^3}]$ は $2\pi r\, dr$ に u を掛けた値となる.

円環断面積

第4章 流動

きの平均流速 U と圧力損失 Δp との関係を表している．

【例題 4.2】 内径 2.5 cm，長さ 10 m の水平円管内を，密度 730 kg m^{-3}，粘度 1.3×10^{-3} Pa s の油が流量 7.8×10^{-5} m^3 s^{-1} で流れている．入口圧力が 300 Pa のとき，出口における圧力を求めよ．

【解】 円管断面積は $\pi(0.025)^2/4 = 4.9 \times 10^{-4}$ m^2 なので，平均流速 $U = (7.8 \times 10^{-5})/(4.9 \times 10^{-4}) = 0.16$ m s^{-1} より，レイノルズ数は Re $= \dfrac{(730)(0.025)(0.16)}{1.3 \times 10^{-3}} = 2246$ であり，層流である．式 (4.15) より，

$$p_2 = p_1 - \frac{32\mu L}{D^2}U = (3.0 \times 10^2) - \frac{32(1.3 \times 10^{-3})(10)(0.16)}{(0.025)^2} = 193\ \text{Pa}$$

したがって，出口圧力は 193 Pa である．■

4.2.4 円管内の乱流流動

流れが乱流のときには渦による乱れにより，速度分布は図 4.2 のような放物線にはならない．乱れの様子は時間と位置により複雑に変化するため，層流での式 (4.7) のように速度分布を理論的に導くことは困難で，経験的に求められた式が多数提案されている．その中でも，特によく知られる実用的な速度分布式が，次のプラントル-カルマンの 1/7 乗則である．

$$u = u_{\max}\left(1 - \frac{r}{R}\right)^{1/7} \quad (4.16)$$

これを図示すると**図 4.7**のようになる．層流の場合（図 4.2）と異なり，壁面付近を除いて速度の変化は小さく，中心から半径方向にほぼ一様な分布となる．

では，式 (4.16) が成り立つときの平均流速を求めてみよう．式 (4.14) と同様に考えると，次式のようになる．

$$U = \left(\frac{1}{\pi R^2}\right)\int_0^R u_{\max}\left(1 - \frac{r}{R}\right)^{1/7} 2\pi r\, dr$$

$$= \frac{2u_{\max}}{R^{15/7}}\int_0^R \{R(R-r)^{1/7} - (R-r)^{8/7}\}\,dr = \frac{49}{60}u_{\max} \quad (4.17)$$

層流での平均流速は中心での流速の 50 % であるのに対し，乱流では上式のように中心での流速の約 82 % となる．

層流におけるハーゲン-ポワズイユの法則と同様に，乱流の場合にも圧力損失 Δp と平均流速 U との関係式が導かれている．それが次のファニングの式である．

$$\Delta p = 4f\frac{L}{D}\frac{\rho U^2}{2} \quad (4.18)$$

カルマンと渦

流体中に置かれた円柱や角柱などの柱状物体の後方に形成される．交互に反対方向に回転する渦列が生じる．

ハンガリー出身のセオドア・フォン・カルマンにより理論的に解明された．

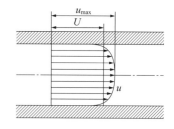

図 4.7 円管内を乱流で流れる流体の速度分布

粘性流体の流れでは壁面での流速はゼロで，壁面を離れるとともに急に流速が増加する．

f[−]は管摩擦係数と呼ばれ，流れの状態や管内壁の粗さに応じて決定される値である．$\lambda = 4f$と置き換え，λを管摩擦係数と呼ぶ場合もある．fの値は，具体的には次のコールブルックの式で与えられる．

$$\frac{1}{\sqrt{f}} = -4\log_{10}\left(\frac{\varepsilon/D}{3.7} + \frac{1.255}{\mathrm{Re}\sqrt{f}}\right) \qquad (4.19)$$

ここで，ε[m]は管内壁の粗さを表す値で，管内径との比ε/D[−]を粗度と呼ぶ．層流の場合，円管内の流動特性は管壁の粗さの影響をほとんど受けないが，乱流の場合には，図4.7で示されるように管壁の近くにおける流速の変化が著しいので，流動特性は管壁の粗さによって大きく左右される．平滑管に対するfの値は，式(4.19)に$\varepsilon = 0$を代入した式により得られるが，実用的には，次のブラシウスの式がよく用いられる．

$$f = 0.0791\mathrm{Re}^{-1/4} \qquad (4.20)$$

【例題4.3】層流条件下における管摩擦係数fは，レイノルズ数Reとどのような関係にあるか．

【解】式(4.15)の右辺と式(4.18)の右辺を等式で結んで整理すると，次式を得る．

$$f = \frac{16\mu}{DU\rho} = \frac{16}{\mathrm{Re}} \qquad (4.21)$$

■

【例題4.4】例題4.2において，円管内を流れているのが密度1200 kg m^{-3}，粘度1.0×10^{-3} Pa s の水溶液であった場合，出口圧力はいくらになるか．ただし，入口圧力は同じで300 Pa，管内壁は平滑とする．

【解】レイノルズ数 $\mathrm{Re} = \dfrac{(1200)(0.0250)(0.16)}{1.0 \times 10^{-3}} = 4800$ より，乱流である．

平滑管であることから，ブラシウスの式(4.20)を適用して，
$$f = 0.0791(4800)^{-0.25} = 9.50 \times 10^{-3}$$
式(4.18)より，

$$\rho_2 = \rho_1 - 4f\frac{L}{D}\frac{\rho U^2}{2} = 300 - (4)(9.50 \times 10^{-3})\frac{(10)(1000)(0.16)^2}{(0.025)(2)}$$

$$= 105 \text{ Pa}$$

したがって，出口圧力は105 Paである．　　■

【例題4.5】水がある円管内を乱流で流れている．この管の2倍の内径の管に交換して同じ体積流量の水を流す場合，圧力損失は最初に比べ何倍と

なるか．

【解】内径を倍にすると管の断面積は$A = (\pi/4)D^2$で表され，4倍となる．流量が一定なので$AU =$一定より，流速は1/4になり

$$F = \frac{\Delta p}{\rho} = 4f\frac{U^2}{2}\frac{L}{D}$$

全体として

$$\left(\frac{1}{4}\right)^2 \times \frac{1}{2} = \frac{1}{32}$$

となる．■

4.3 流体の流速測定

4.3.1 オリフィスメータ

図4.8のように，流体が流れる管に中心に円孔をもつ円板（オリフィス板）を入れると，その上流と下流の圧力差が大きくなる．この圧力差を測ることにより，管を流れる流体の平均流速，流量を求める計器をオリフィスメータ（orifice meter）という．

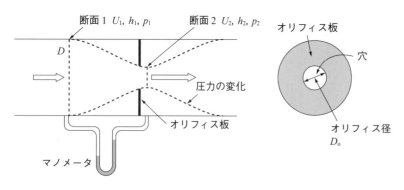

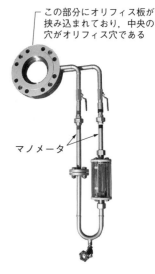

図4.8 オリフィスメータの概略図

オリフィスメータ
（写真提供：流体工業株式会社）

断面1と断面2において，ベルヌーイの式（4.7）で$h_1 = h_2$とすると，次のようになる．

$$\frac{U_1^2}{2} + \frac{p_1}{\rho} = \frac{U_2^2}{2} + \frac{p_2}{\rho} \tag{4.22}$$

$$\frac{p_1 - p_2}{\rho} = \frac{U_2^2 - U_1^2}{2} \tag{4.23}$$

管内径D，オリフィス径D_0と平均流速の間には，$U_1 = U_2(D_0^2/D^2)$の関係がある．これを式（4.23）に代入し書き換えると次式の関係が得られる．

$$\Delta p = p_1 - p_2 = \rho \frac{U_2^2 - U_1^2}{2} = \frac{\rho}{2} U_2^2 \left(1 - \frac{D_o^4}{D^4}\right) \quad (4.24)$$

$$U_2 \sqrt{\left(1 - \frac{D_o^4}{D^4}\right)} = \sqrt{2 \frac{\Delta p}{\rho}} \quad (4.25)$$

平均流速は圧力差の平方根に比例する．これは，圧力差を測定することで流速が求められることを示している．

4.3.2 流体の圧力差測定のためのマノメータ

流体が流れる二つの地点での圧力差を測定する計器として代表的なものが，図4.9に示すU字管圧力計（**マノメータ**；manometer）である．U字管の内部には，測定したい2点を流れる流体よりも密度が高く，蒸発しにくい液体を入れる．この液体を封液と呼ぶ．U字の端をチューブで測定したい2地点に接続すると，圧力の高い側の封液の高さが下がって低圧側が上がり高さに差が生じる．この封液高さの差を読み取ることで圧力差を測定できる．

流体の密度ρ，封液の密度ρ'とすれば，マノメータのa点とb点での圧力は等しい．

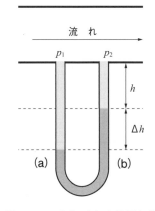

図4.9 マノメータによる圧力差測定

$$p_a = p_1 + \rho g (h + \Delta h)$$
$$p_b = p_2 + \rho g h + \rho' g \Delta h$$
$$\Delta p = p_1 - p_2 = g(\rho' - \rho) \Delta h \quad (4.26)$$

すなわち，圧力差は，封液の高さの差として求められる．

【例題4.6】図4.10のような円管内を水が流れている．この円管の中心にピトー管を挿入したとき，U字管マノメータの封液の高さの差hが0.4 mであった．円管中心での水の流速はおよそいくらか．下に示す(1)から(4)のうち適切なものを一つ選べ．なお，ピトー管とは飛行機にも使われている速度測定のための計器である．

ただし，水の密度$\rho = 1000 \text{ kg m}^{-3}$，封液の密度$\rho = 1.35 \times 10^3 \text{ kg m}^{-3}$

航空機に使われているピトー管
（東京航空計器株式会社のHPより転載）

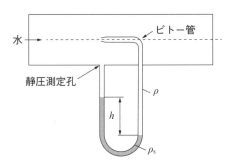

図4.10 ピトー管による流速測定

とする.

(1) $2\,\mathrm{m\,s^{-1}}$ (2) $8\,\mathrm{m\,s^{-1}}$ (3) $10\,\mathrm{m\,s^{-1}}$ (4) $14\,\mathrm{m\,s^{-1}}$

【解】 ベルヌーイの式 (4.7) から上流を ①, ピトー管の入口を ② とすると,

$$\frac{U_1^2}{2g}+h_1+\frac{p_1}{\rho g}=\frac{U_2^2}{2g}+h_2+\frac{p_2}{\rho g}$$

$$gh_1+\frac{U_1^2}{2}+\frac{p_1}{\rho}=gh_2+\frac{U_2^2}{2}+\frac{p_2}{\rho}$$

①, ② は同じ水平面上にあり ($h_1 = h_2$), かつピトー管の入口 ② では $U_2 = 0$ なので,

$$\frac{U_1^2}{2}+\frac{p_1}{\rho}=\frac{p_2}{\rho} \qquad \therefore\ U_1^2=\frac{2(p_2-p_1)}{\rho} \qquad (A)$$

マノメータでは式 (4.26) より

$$p_2-p_1=g(\rho_s-\rho)h \qquad (B)$$

式 (A) と式 (B) より

$$U_1=\sqrt{\frac{2gh(\rho_s-\rho)}{\rho}}=\sqrt{2\times 9.8\,\mathrm{m\,s^{-2}}\times 0.4\,\mathrm{m}\times\frac{13.5\times 10^3-10^3\,\mathrm{kg\,m^{-3}}}{10^3\,\mathrm{kg\,m^{-3}}}}$$

$$=\sqrt{98\,\mathrm{m^2\,s^{-2}}}=9.9\,\mathrm{m\,s^{-1}} \qquad \therefore\ \text{答えは (3)} \quad\blacksquare$$

演習問題

4.1 内径 50 mm の管に平均流速 $2.5\,\mathrm{m\,s^{-1}}$ で密度 $900\,\mathrm{kg\,m^{-3}}$ の油が流れている. この油の体積流量 $[\mathrm{m^3\,s^{-1}}]$ と質量流量 $[\mathrm{kg\,s^{-1}}]$ を求めよ.

4.2 内径 $D_1 = 80$ mm の管 ① に内径 $D_2 = 50$ mm の管 ② が直列に接続された管路を, 水が定常流で流れている. 管 ② 内での平均流速 U_2 は $2.8\,\mathrm{m\,s^{-1}}$ であった場合, 次の値を求めよ. ただし, 水の密度を $1000\,\mathrm{kg\,m^{-3}}$ とする.

(1) 管 ① 内での平均流速 $U_1\,[\mathrm{m\,s^{-1}}]$

(2) この管路を流れる水の体積流量 $Q\,[\mathrm{m^3\,s^{-1}}]$ と質量流量 $w\,[\mathrm{kg\,h^{-1}}]$

4.3 内径 $D = 60$ mm, 長さ 400 m の水平管内を, 密度 $850\,\mathrm{kg\,m^{-3}}$ の原油が流量 $0.120\,\mathrm{m^3\,min^{-1}}$ で送られている. この管路での圧力損失 Δp は 250 kPa であった. 以下の問いに答えよ.

(1) このときの原油の流れを層流と仮定して粘度を求めよ.

(2) 層流とした仮定が正しかったかどうか, Re 数を求めて確認せよ.

4.4 アセトンが流れている管に, オリフィスメータが図のように取り付けられており, マノメータ内の封液の密度は $1.58\times 10^3\,\mathrm{kg\,m^{-3}}$ である. (a), (b) 2 点間の封液高さの差は 26 mm であり, アセトン密度は $788\,\mathrm{kg\,m^{-3}}$ である. このとき, 次の問いに答えよ.

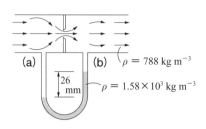

(1) マノメータの圧力差を求めよ.

(2) アセトンが流れる管内径が 60 mm，オリフィス径が 30 mm のとき，管を流れるアセトンの平均流速を求めよ.

Column

ゆく川の流れは絶えずして…

空の雲や川の流れ，煙のゆらぎを眺めていると，なぜか心が落ち着く.『方丈記』は「ゆく川の流れは絶えずして，しかも本の水にあらず．よどみに浮ぶうたかたは，かつ消えかつ結びて久しくとゞまることなし」で始まり，流れる水の絶え間ない変化が文学的に述べられている．流体力学という分野では，流れの本質を理解するとともに制御する研究が活発に行われている．自動車，飛行機，電車の車両などのボディ設計では，推進抵抗を減らす試みが絶え間なく続けられ，消費エネルギー低減がはかられている．乱流の挙動の正確な予測には至っていないものの，流体解析シミュレーションの精度は高まっており，「流体解析シミュレーションソフト」などのキーワードで検索すると，学生であれば無料で利用できるソフトウェアが見つかるだろう．このソフトウェアの学習用に化学工学の例題集（伊東章・大川原真一 著『CFD で移動現象論 111 例題－Ansys Fluent による計算解法－』コロナ社，2023）も出版されているので，興味ある方にはぜひチャレンジすることをお勧めする.

5 反応工学入門

　化学工業は，化学反応による物質変換を利用して原料から製品を得るプロセス工業である．したがって，反応器は化学工場の中心的な役割を果たし，その設計法や操作法は**反応工学**（chemical reaction engineering）と呼ばれる分野で体系化されている．本章では，反応工学の基礎となる反応の量論関係や反応速度式などを説明したうえで，代表的な反応器である回分反応器，連続槽型反応器，管型反応器の特徴と，均一系の単一反応に対する各反応器の設計計算法を解説する．

5.1 化学反応と反応操作の分類

5.1.1 化学反応の分類

1) 単一反応と複合反応

　窒素と水素からアンモニアを生成する反応は次の化学反応式で書ける．

$$N_2 + 3H_2 \longrightarrow 2NH_3 \tag{5.1}$$

これは反応する窒素と水素および生成するアンモニアの物質量の比が $1:3:2$ になることを表している．このように反応に伴う各成分の物質量の相対的な関係を表す式を**化学量論式**（stoichiometric formula），あるいは単に**量論式**といい，量論式の係数を化学量論係数という．

　反応を記述するのに量論式が一つでよい反応を**単一反応**（単純反応，single reaction），複数の量論式を必要とする反応を**複合反応**（multiple reaction）という．式 (5.1) の反応は，この量論式一つで表せるので単一反応である．一般化した単一反応の量論式を式 (5.2) に示す．

$$\nu_A A + \nu_B B \longrightarrow \nu_R R + \nu_S S \tag{5.2}$$

　代表的な複合反応には式 (5.3) に示す**並列反応**（parallel reaction）と式 (5.4) に示す**逐次反応**（consecutive reaction）がある．

$$\begin{cases} \nu_{A1} A \longrightarrow \nu_R R \\ \nu_{A2} A \longrightarrow \nu_S S \end{cases} \tag{5.3}$$

$$\nu_A A \longrightarrow \nu_R R \longrightarrow \nu_S S \tag{5.4}$$

　単一反応であっても，その反応機構は複雑で，中間生成物を生成する複数の過程に分割されることが多い．これ以上分割できない基本過程の反応を**素反応**（elementary reaction）という．式 (5.1) のアンモニア生成反応も，窒素分子が触媒に吸着する過程など，いくつかの素反応から成っている．

可逆反応と不可逆反応

　反応物から生成物を生じる反応を正反応，生成物から反応物を生じる反応を逆反応といい，正反応と逆反応が同時に起こる反応を可逆反応，正反応しか起こらない反応を不可逆反応と呼ぶ．可逆反応では平衡状態で反応が見かけ上停止するため，反応物がすべて反応し尽くすことはない．

2）均一反応と不均一反応

反応が均質な単一の相で起こる場合を**均一反応**（homogeneous reaction），複数の相が関与する場合を**不均一反応**（heterogeneous reaction）という．均一反応には，気相反応と液相反応があり，いずれも反応物が分子レベルで均一に混合しており，相のいたるところで反応が進行する．不均一反応は気相，液相，固相の組み合わせで，気液反応，気固反応，液液反応，液固反応などに分類される．これらは界面で反応が生じるため，相本体から界面までの物質移動も考慮する必要がある．

5.1.2 反応器の分類と特徴
1）回分操作と連続操作

反応器の操作法には，大きく二種類ある．**回分操作**（batch operation）は，あらかじめ反応物をすべて反応器に仕込んで反応を開始し，適当な時間後に生成物を取り出す．反応が進行している間は，反応器外と物質の出入りはなく濃度は時間とともに変化している．**連続操作**（continuous operation）は，流通操作とも呼ばれ，反応物を連続的に反応器入口から供給して反応させ，生成物を連続的に反応器出口から取り出す．反応が定常的に進行していれば，出口の生成物濃度は時間にかかわらず一定である．その中間的な操作に**半回分操作**（semibatch operation）があり，例えば反応物 A をあらかじめ反応器に仕込んでおき，反応物 B を少しずつ添加しながら反応を進める．

回分操作では反応物や生成物の量を反応器内の物質量 n [mol] や体積 V [m^3] として扱うが，連続操作では反応器に物質の出入りがあるため，物質量流量 F [mol s^{-1}] や体積流量 v [m^3 s^{-1}] として扱う．

2）槽型反応器と管型反応器

均一反応のための反応器は，その形状から**槽型反応器**（tank reactor）と**管型反応器**（tubular reactor）に分類され，**表 5.1** に示すとおり操作法と密接な関係がある．

槽型反応器には一般に撹拌翼が付属しており，反応器内の反応物は十分に混合されている．槽型反応器は回分操作，半回分操作，連続操作のいずれもが適用できる．回分操作を行う槽型反応器を単に**回分反応器**（batch reactor, BR），半回分操作を行うものを**半回分反応器**（semibatch reactor）と呼ぶ．また，連続操作を行う槽型反応器を**連続槽型反応器**（continuous stirred tank reactor, CSTR）と呼ぶ．

管型反応器は細長い管路を流れている間に反応が進行する．したがって，管型反応器は連続操作になり，流通管型反応器と呼ばれることも

固体触媒反応

工業的に重要な反応は固体触媒を用いることが多い．これらは，気固触媒反応などの不均一反応として取り扱われる．式(5.1)のアンモニア生成反応も鉄触媒を用いた気固触媒反応である．

回分操作と連続操作の利用

一般に，回分操作や半回分操作は医薬品や香料などのファインケミカルのような少量多品種生産に適しており，連続操作は化学肥料や樹脂などのバルクケミカルのような大量生産に向いている．微生物の培養における半回分操作は流加培養と呼ばれ，特定の基質が微生物の増殖や目的物の生成を阻害する場合によく適用される．

マイクロリアクター

マイクロリアクター（図 5.1）は，微細加工技術を利用してチップ上に構成したマイクロメートルサイズの流路を反応場とする新しい反応器として非常に注目されている．サイズが極微小であることから，迅速な混合が可能で精密な温度制御が容易であり，危険性や爆発性の高い反応系に適している．また，比表面積が非常に大きいことから不均一反応への適用も有望である．実プラント化に際しては従来のスケールアップではなく，集積化してリアクターの数を増やすナンバリングアップが採用され，プロセス開発にかかるコストや時間を短縮できる．

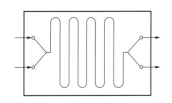

図 5.1 マイクロリアクター

第5章　反応工学入門

表5.1　装置形状と操作法による反応器の分類

槽型反応器			管型反応器
回分操作	半回分操作	連続操作	連続操作

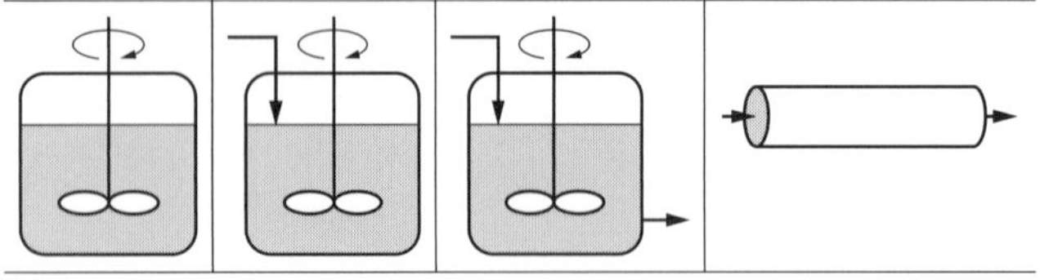

ある.

3）反応器内の反応物の流れ

図5.2 に，連続操作を行っている連続槽型反応器と管型反応器の反応器内における反応物の流れの状態を示す.

連続槽型反応器では，供給された反応物は撹拌翼で十分に混合されて速やかに反応器内に分散され，その濃度は場所によらず均一になる. このような反応器内の流れの状態を**完全混合流れ**（perfectly mixed flow）という. このとき反応器出口の反応物濃度は反応器内と同じである.

管型反応器では，反応物はその前後の物質と全く混合することなく，その反応物を含む断面がそのまま管内を押し出される. このような流れの状態を**押出し流れ**（plug flow）といい*，このような管型反応器のことを**押出し流れ反応器**（plug flow reactor，PFR）と呼ぶ.

非理想流れのモデル
　完全混合流れと押出し流れは，反応器内の流れの理想的な両極端の状態を表しており，実際の反応器内の流れはその中間的な状態にある. 実際の流れを表現するために混合拡散モデルや槽列モデルが提案されており，より現実的な反応器設計が可能である.

*　押し出し流れは栓流とも呼ばれる.

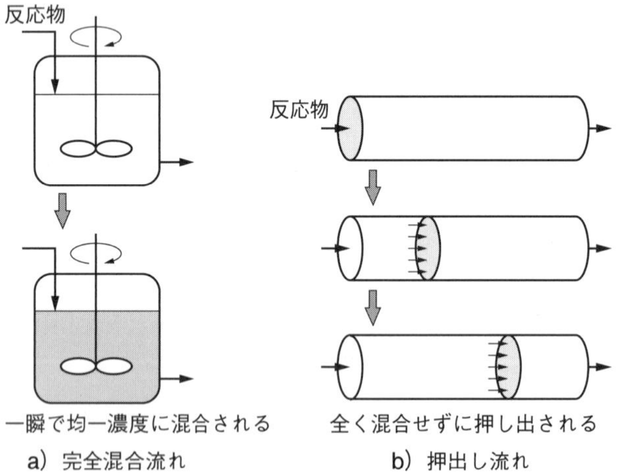

a）完全混合流れ　　　　　　b）押出し流れ

図5.2　反応器内の反応物の流れの状態

58

5.2 化学反応の反応率と量論関係

5.2 化学反応の反応率と量論関係

　実際の反応操作においては，原料として化学量論比のとおりに反応物を供給することはほとんどない．化学量論比に対して存在比の最も小さい反応物を**限定反応成分**（limiting reactant）*，それ以外の反応物を過剰反応成分という．例えば，式 (5.1) の窒素と水素からアンモニアを生成する反応において，窒素 1 mol と水素 4 mol を原料とする場合，窒素と水素の化学量論比 1 : 3 に対して窒素の方が少ないので窒素が限定反応成分，水素が過剰反応成分となる．限定反応成分は，反応率の基準成分として取り扱われることが多い．

> ＊ 限定反応成分は 1.5 節でも説明されている．

1) 液相反応の回分操作

　回分操作を行っている反応器において，式 (5.2) の反応を進行させる場合を考える．はじめに反応器に，反応に関わる成分 A, B, R, S および不活性成分 I をそれぞれ $n_{A0}, n_{B0}, n_{R0}, n_{S0}, n_{I0}$ ずつ仕込み，反応後にそれぞれの物質量が n_A, n_B, n_R, n_S, n_I になったとする．**反応率**（転化率，conversion）は反応の進行程度を表す量であり，通常は限定反応成分に対して決められる．限定反応成分が A であるとき，その反応率 x_A は次式で与えられる．

$$x_A = \frac{n_{A0} - n_A}{n_{A0}} \tag{5.5}$$

これより，反応後の限定反応成分 A の物質量は次のようになる．

$$n_A = n_{A0}(1 - x_A) \tag{5.6}$$

量論式 (5.2) より，成分 A が 1 mol 反応すると成分 B は ν_B/ν_A mol 消失し，成分 R と S はそれぞれは ν_R/ν_A mol，ν_S/ν_A mol 生成する．したがって，反応後の成分 B, R, S の物質量は，

$$n_B = n_{B0} - \frac{\nu_B}{\nu_A} n_{A0} x_A \tag{5.7}$$

$$n_R = n_{R0} + \frac{\nu_R}{\nu_A} n_{A0} x_A \tag{5.8}$$

$$n_S = n_{S0} + \frac{\nu_S}{\nu_A} n_{A0} x_A \tag{5.9}$$

となり，不活性成分 I の物質量は変化しないので次式が得られる．

$$n_I = n_{I0} \tag{5.10}$$

　液相反応は大量の溶媒中で反応を行うことが多く，反応が進行しても反応混合物の体積変化が無視できる．体積一定と見なせる反応系を**定容系**と呼ぶ．そのため，反応後の成分 A のモル濃度 C_A [mol m^{-3}] は式 (5.6) より次式で表せる．

> **不活性成分**（inert component）
> 　原料中に含まれる反応に関わらない成分を不活性成分という．例えば，空気による炭化水素の燃焼反応における窒素や，液相反応における溶媒成分などがある．第1章の例題1.4と1.5では不活性ガスとして扱った．

59

第5章　反応工学入門

表5.2　定容系および非定容系における各成分のモル濃度

反応系	定容系 液相反応 気相反応 （定容回分操作）	非定容系（等温定圧の場合） 気相反応 （定圧回分操作，連続操作）
成分 A	$C_A = C_{A0}\,(1-x_A)$　(5.11)	$C_A = \dfrac{C_{A0}\,(1-x_A)}{1+\varepsilon_A\,x_A}$　　(5.19)
成分 B	$C_B = C_{B0} - \dfrac{\nu_B}{\nu_A} C_{A0}\,x_A$	$C_B = \dfrac{C_{B0} - (\nu_B/\nu_A)\,C_{A0}\,x_A}{1+\varepsilon_A\,x_A}$
成分 R	$C_R = C_{R0} + \dfrac{\nu_R}{\nu_A} C_{A0}\,x_A$	$C_R = \dfrac{C_{R0} + (\nu_R/\nu_A)\,C_{A0}\,x_A}{1+\varepsilon_A\,x_A}$
成分 S	$C_S = C_{S0} + \dfrac{\nu_S}{\nu_A} C_{A0}\,x_A$	$C_S = \dfrac{C_{S0} + (\nu_S/\nu_A)\,C_{A0}\,x_A}{1+\varepsilon_A\,x_A}$
成分 I	$C_I = C_{I0}$	$C_I = \dfrac{C_{I0}}{1+\varepsilon_A\,x_A}$

$$C_A = \frac{n_A}{V} = C_{A0}\,(1-x_A) \tag{5.11}$$

同様に式 (5.7) 〜 (5.10) より成分 B, R, S, I のモル濃度が，**表5.2** の定容系に示すとおりに求められる．

2）気相反応の回分操作

気相反応においても式 (5.5) 〜 (5.10) は成り立つ．これらをすべて足し合わせると，反応率が x_A のときの反応器内の全物質量 n_t は，

$$n_t = n_{t0} = \frac{-\nu_A - \nu_B + \nu_R + \nu_S}{\nu_A} n_{A0}\,x_A = n_{t0}\,(1 + \delta_A\,y_{A0}\,x_A)$$
$$= n_{t0}\,(1 + \varepsilon_A\,x_A) \tag{5.12}$$

となる．ここで，δ_A は成分 A が 1 mol 反応したときの全物質量の変化，y_{A0} は反応前の成分 A のモル分率，ε_A は限定反応成分 A がすべて反応したときの物質量増加率を表す．

$$\delta_A = \frac{-\nu_A - \nu_B + \nu_R + \nu_S}{\nu_A} \tag{5.13}$$

$$y_{A0} = \frac{n_{A0}}{n_{t0}} \tag{5.14}$$

$$\varepsilon_A = \delta_A\,y_{A0} \tag{5.15}$$

反応が進むにつれて物質量が増加する反応では $\varepsilon_A > 0$，減少する反応では $\varepsilon_A < 0$ となる．式 (5.1) のアンモニア生成反応は $\varepsilon_A < 0$ である．

理想気体を仮定すると反応前後で次式が成り立つ．

$$\frac{PV}{n_t T} = \frac{P_0 V_0}{n_{t0} T_0} \tag{5.16}$$

ここで，P は全圧 [Pa]，V は反応器体積 [m³]，T は熱力学温度（絶対

非等温操作

実際の反応では，反応熱のために反応器内を等温に保つことが困難になる．非等温操作では，外部との熱の出入りや反応器内の温度分布などを考慮する必要があり，取扱いが複雑になる．本書では等温条件の操作に限って説明する．

温度）[K] であり，添字 0 は反応開始時を表す．

体積一定の反応器を用いて等温で回分操作した場合は定容系であり，式 (5.12), (5.16) から，

$$P = P_0 (1 + \varepsilon_A x_A) \tag{5.17}$$

となり，圧力は反応の進行とともに変化する．体積一定であるので，成分 A のモル濃度 C_A は液相反応の式 (5.11) と同じになる．

一方，体積可変の反応器を用いて等温，圧力一定で回分操作した場合は定圧系であり，

$$V = V_0 (1 + \varepsilon_A x_A) \tag{5.18}$$

となり，体積は反応率の関数となる．このように系の体積が変化する場合を非定容系と呼ぶ．反応後の成分 A のモル濃度 C_A は，式 (5.6), (5.17) より次式で表せる．

$$C_A = \frac{n_A}{V} = \frac{C_{A0}(1 - x_A)}{1 + \varepsilon_A x_A} \tag{5.19}$$

成分 B, R, S, I のモル濃度は**表 5.2** の非定容系に示すとおりである．

体積可変の反応器

非常に軽いピストンがついている反応器やゴム風船のように，反応前後で体積が変えられる反応器をイメージするとよい．

【例題 5.1】 式 (5.1) で表される窒素と水素からアンモニアを生成する気相反応を等温で，(a) 定容回分操作および (b) 定圧回分操作にて行った．原料として窒素 100 mol m^{-3}，水素 400 mol m^{-3} を供給し，限定反応成分の反応率が 90.0 % に達したときの各成分の濃度を求めよ．

【解】 窒素と水素の化学量論比 1:3 に対して，供給量は 1:4 なので窒素が限定反応成分である．したがって，窒素を成分 A，水素を成分 B，アンモニアを成分 R とおく．

(a) 表 5.2 の定容系の式に当てはめる．

$$C_A = C_{A0}(1 - x_A) = 100 \times (1 - 0.900) = 10.0 \, \text{mol m}^{-3}$$

$$C_B = C_{B0} - \frac{\nu_B}{\nu_A} C_{A0} x_A = 400 - \frac{3}{1} \times 100 \times 0.900 = 130 \, \text{mol m}^{-3}$$

$$C_R = C_{R0} + \frac{\nu_R}{\nu_A} C_{A0} x_A = 0 + \frac{2}{1} \times 100 \times 0.900 = 180 \, \text{mol m}^{-3}$$

(b) 等温定圧の気相反応なので，表 5.2 の非定容系の式に当てはめる．

$$\delta_A = \frac{-\nu_A - \nu_B + \nu_R}{\nu_A} = \frac{-1 - 3 + 2}{1} = -2$$

$$y_{A0} = \frac{n_{A0}}{n_{to}} = \frac{100}{100 + 400} = 0.20$$

$$\varepsilon_A = \delta_A y_{A0} = -2 \times 0.20 = -0.40$$

$$1 + \varepsilon_A x_A = 1 + (-0.40) \times 0.900 = 0.64$$

したがって，次のようになる．

$$C_A = \frac{C_{A0}(1 - x_A)}{1 + \varepsilon_A x_A} = \frac{10.0}{0.64} = 15.6 \, \text{mol m}^{-3}$$

第 5 章　反応工学入門

$$C_B = \frac{C_{B0} - (\nu_B/\nu_A)\,C_{A0}\,x_A}{1 + \varepsilon_A x_A} = \frac{130}{0.64} = 203\ \mathrm{mol\,m^{-3}}$$

$$C_R = \frac{C_{R0} + (\nu_R/\nu_A)\,C_{A0}\,x_A}{1 + \varepsilon_A x_A} = \frac{180}{0.64} = 281\ \mathrm{mol\,m^{-3}} \quad \blacksquare$$

3）連続操作

連続操作では，連続的に反応物が反応器に流入し，生成物が流出している．したがって，各成分の量は物質量流量で表す．反応器入口から成分 A, B, R, S, I をそれぞれ $F_{A0}, F_{B0}, F_{R0}, F_{S0}, F_{I0}$ で供給し，反応器出口から F_A, F_B, F_R, F_S, F_I で排出しているとき，限定反応成分 A の反応率 x_A は次式で与えられる．

$$x_A = \frac{F_{A0} - F_A}{F_{A0}} \tag{5.20}$$

出口の限定反応成分 A の物質量流量は，

$$F_A = F_{A0}(1 - x_A) \tag{5.21}$$

となり，回分操作の式 (5.6) と類似の式で表せる．他の成分 F_B, F_R, F_S, F_I も式 (5.7) 〜 (5.10) と類似の式になる．

反応器出口の体積流量を $v\,[\mathrm{m^3\,s^{-1}}]$ とすると，反応器出口の成分 A のモル濃度 C_A は次式で与えられる．

$$C_A = \frac{F_A}{v} \tag{5.22}$$

液相反応では体積流量 v は一定であり，定容系と見なせる．

一方，気相反応では反応器体積が一定であっても反応混合物の体積流量は変化しており，非定容系として扱わなければならない．連続操作では反応器内の圧力は一定であることが多く，等温条件であれば体積流量 v は式 (5.18) と同様に次式で表せる．

$$v = v_0(1 + \varepsilon_A x_A) \tag{5.23}$$

このことから，連続操作の反応器出口の各成分のモル濃度は式 (5.21) 〜 (5.23) より，液相反応は定容系，気相反応は非定容系として，回分反応と同様に表 5.2 の式で表せることがわかる．

5.3　反 応 速 度

5.3.1　反応速度の定義

成分 j の反応速度 $r_j\,[\mathrm{mol\,m^{-3}\,s^{-1}}]$ は，単位体積，単位時間に反応によって生成する成分 j の物質量と定義される．

$$r_j = \frac{1}{V}\frac{\mathrm{d}n}{\mathrm{d}t} \tag{5.24}$$

ここで，V は反応混合物の体積，t は時間，n_j は成分 j の物質量である．量論式 (5.2) で表される単一反応 ($\nu_A A + \nu_B B \rightarrow \nu_R R + \nu_S S$) の場合，反応物 A と B の量は反応の進行とともに減少するので反応速度 r_A, r_B は負の値となり，生成物 R と S は増加するので r_R, r_S は正の値となる．例えば，式 (5.1) で示したアンモニア生成反応において，単位体積，単位時間あたり窒素が 1 mol 消失したとすると，化学量論係数より，水素は 3 mol 消失し，アンモニアは 2 mol 生成する．このように各成分の反応速度は異なるが，その絶対値を化学量論係数で割った値は等しくなる．すなわち，量論式 (5.2) に対しては次の関係が成り立つ．

$$\frac{-r_A}{\nu_A} = \frac{-r_B}{\nu_B} = \frac{r_R}{\nu_R} = \frac{r_S}{\nu_S} = r \tag{5.25}$$

r を量論式に対する反応速度という．

複数の量論式で表される複合反応は，各量論式に反応速度が定義され，各成分の反応速度はそれらの和として求められる．例えば，式 (5.3) の並列反応 ($\nu_{A1} A \rightarrow \nu_R R ; \nu_{A2} A \rightarrow \nu_S S$) において，量論式 $\nu_{A1} A \rightarrow \nu_R R$ の反応速度を r_1，量論式 $\nu_{A2} A \rightarrow \nu_S S$ の反応速度を r_2 とすると，成分 A の反応速度 r_A は，

$$r_A = -\nu_{A1} r_1 - \nu_{A2} r_2 \tag{5.26}$$

で与えられる．また，式 (5.4) の逐次反応 ($\nu_A A \rightarrow \nu_R R \rightarrow \nu_S S$) において，量論式 $\nu_A A \rightarrow \nu_R R$ の反応速度を r_1，量論式 $\nu_R R \rightarrow \nu_S S$ の反応速度を r_2 とすると，成分 R の反応速度 r_R は，

$$r_R = -\nu_A r_1 - \nu_R r_2 \tag{5.27}$$

となる．

5.3.2 反応速度式の導出

1）反応速度式と反応次数

量論式 (5.2) で表せる化学反応の速度は，一般的に反応物の濃度 C_A，C_B を用いて次のような濃度のべき乗の積で表せることが多い．

$$-r_A = k C_A^\alpha C_B^\beta \tag{5.28}$$

k を**反応速度定数** (reaction rate constant)，α と β とを反応次数という．このように，反応速度を反応速度定数と濃度の関数として表した式を**反応速度式** (rate equation) という．この反応は成分 A について α 次，成分 B について β 次，全体として ($\alpha + \beta$) 次の反応であるという．素反応の場合，反応次数は化学量論係数 ν_A, ν_B と一致するが，素反応でなければ同じになるとは限らない．反応速度式は原則として実験的に決められるべきである．

素反応の反応次数は化学量論係数と一致するので，素反応に分解す

物理化学分野の反応速度

物理化学の教科書では反応速度をモル濃度 C_j を用いて，

$$r_j = \frac{dC_j}{dt}$$

と定義している場合が多い．物理化学では主に定容回分反応を取り扱うためである．5.4 節で説明するように，非定容系ではこの式は成り立たないので注意すべきである．

ることができれば反応速度式を導出できる．素反応の速度式には中間生成物の濃度を含むが，これらは容易に検出できず，濃度が測定できないため，中間生成物の濃度を消去して測定可能な成分の濃度で反応速度式を表す必要がある．その方法として，**定常状態近似法**（steady-state approximation）と**律速段階近似法**（rate-determining step approximation）がある．

2) 定常状態近似法

中間生成物は非常に活性が高く，生成しても次に起こる反応で速やかに消費されるため，その濃度は極微小であり，他の成分に比べてその変化速度は非常に小さい．そこで，中間生成物の生成速度と消費速度が等しく定常状態にあると考え，その反応速度を 0 と近似する方法を定常状態近似法という．

反応物 A から生成物 R を得る反応が，中間生成物 A^* を経由する次のような素反応機構で起こる場合を考える．

$$A \underset{k_2}{\overset{k_1}{\rightleftarrows}} A^* \xrightarrow{k_3} R \tag{5.29}$$

各段階の反応速度は次式で表せる．

$$r_1 = k_1 C_A \tag{5.30}$$
$$r_2 = k_2 C_{A^*} \tag{5.31}$$
$$r_3 = k_3 C_{A^*} \tag{5.32}$$

各成分の生成速度は次のようになる．

$$r_A = r_2 - r_1 = k_2 C_{A^*} - k_1 C_A \tag{5.33}$$
$$r_{A^*} = r_1 - r_2 - r_3 = k_1 C_A - k_2 C_{A^*} - k_3 C_{A^*} \tag{5.34}$$
$$r_R = r_3 = k_3 C_{A^*} \tag{5.35}$$

ここで，中間生成物 A^* の反応速度に定常状態近似を適用して $r_{A^*} = 0$ とすると，式 (5.34) より中間生成物の濃度 C_{A^*} を得る．

$$C_{A^*} = \frac{k_1 C_A}{k_2 + k_3} \tag{5.36}$$

反応速度 r は，生成物 R の生成速度に等しいので，式 (5.33) に式 (5.36) を代入すると，

$$r = r_R = \frac{k_1 k_3 C_A}{k_2 + k_3} \tag{5.37}$$

となる．これによって，反応速度 r は中間生成物 A^* の濃度を使わず，測定可能な成分 A の濃度のみで表現できる．

【例題 5.2】 酵素 E が反応物（基質）A から生成物 R を生じる反応の触媒としてはたらく機構は，次の素反応で表せる．

素反応の反応速度式

例えば，A → R の量論式で表せる素反応の反応速度式は $r = kC_A$ となる．素反応 $2A \to R$ の反応速度式は $r = kC_A^2$，素反応 $A + B \to R$ では $r = kC_A C_B$ となる．

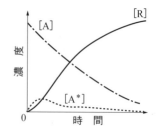

中間生成物の消費が速い場合の各成分濃度の継時変化の例

$$E + A \underset{k_2}{\overset{k_1}{\rightleftharpoons}} EA \overset{k_3}{\longrightarrow} E + R \qquad (5.38)$$

ここで EA は酵素基質複合体と呼ばれる中間生成物である．定常状態近似法によって反応速度式を導出せよ．

【解】各素反応の反応速度は次のようになる．

$$r_1 = k_1 C_E C_A \qquad (5.39)$$
$$r_2 = k_2 C_{EA} \qquad (5.40)$$
$$r_3 = k_3 C_{EA} \qquad (5.41)$$

式 (5.39)～(5.41) より，中間生成物である EA の生成速度を導き，定常状態近似により，その速度を 0 とする．

$$r_{EA} = r_1 - r_2 - r_3 = k_1 C_E C_A - k_2 C_{EA} - k_3 C_{EA} = 0 \qquad (5.42)$$

全酵素濃度 C_{E0} は，基質に結合していない酵素の濃度 C_E と結合している酵素の濃度 C_{EA} の和である．

$$C_{E0} = C_E + C_{EA} \qquad (5.43)$$

これに式 (5.42) を代入して整理する．

$$C_{EA} = \frac{k_1 C_{E0} C_A}{k_2 + k_3 + k_1 C_A} \qquad (5.44)$$

式 (5.38) の酵素反応の反応速度は反応物 A の消失速度 $-r_A$ に等しい．式 (5.39), (5.40) および式 (5.42) より，

$$-r_A = r_1 - r_2 = k_1 C_E C_A - k_2 C_{EA} = k_3 C_{EA} \qquad (5.45)$$

となり，これに式 (5.44) を代入すると次式を得る．

$$-r_A = \frac{k_1 k_3 C_{E0} C_A}{k_2 + k_3 + k_1 C_A} = \frac{V_{max} C_A}{K_m + C_A} \qquad (5.46)$$

ただし，$K_m = (k_2 + k_3)/k_1$，$V_{max} = k_3 C_{E0}$ である．これをミカエリス-メンテンの式 (Michaelis-Menten equation) という．　■

3）律速段階近似法

いくつかの素反応が逐次的に進む反応において，いずれかの素反応の速度が非常に遅い場合，反応全体の速度がその過程の速度に支配される．この素反応過程を律速段階とし，それ以外の素反応過程はすべて速やかで平衡状態にあると近似する方法を律速段階近似法という．

式 (5.29) で表せる反応について，中間生成物 A* から生成物 R を生じる素反応が律速段階であるとき，反応物 A と中間生成物 A* を生じる素反応とその逆反応が平衡状態にあると近似する．すなわち，それぞれの反応速度 r_1 と r_2 が等しいとする．式 (5.30), (5.31) より，

$$k_1 C_A = k_2 C_{A^*} \qquad (5.47)$$

となる．反応速度 r は，生成物 R の生成速度に等しいので，式 (5.32) に式 (5.47) を代入すると次式が導ける．

$$r = r_R = \frac{k_1 k_3 C_A}{k_2} \quad (5.48)$$

この式は，生成物 R を生じる過程が非常に遅く，$k_3 \ll k_2$ と仮定した場合の定常状態近似法の式 (5.37) と一致する．

5.3.3 反応速度定数とその温度依存性

反応速度式は反応速度定数を含んでいる．これは反応次数によって単位が異なる量で，一般に n 次反応に対して $[(m^3\,mol^{-1})^{n-1}\,s^{-1}]$ の単位をもつ．例えば，1 次反応に対しては $[s^{-1}]$，2 次反応に対しては $[m^3\,mol^{-1}\,s^{-1}]$ となる．したがって，反応次数の異なる反応速度定数の大きさを比較することには意味がない．

反応速度定数は温度とともに増加し，経験的に得られた**アレニウスの式**（Arrhenius equation）によって表される．

$$k = k_0 \exp\left(-\frac{E}{RT}\right) \quad (5.49)$$

ここで，$E\,[\mathrm{J\,mol^{-1}}]$ は活性化エネルギー（activation energy），R は気体定数（$8.314\,\mathrm{J\,mol^{-1}\,K^{-1}}$），$T$ は熱力学温度である．k_0 は**頻度因子**（frequency factor）と呼ばれ，反応速度定数と同じ次元をもつ．式 (5.49) の両辺の対数をとると，次式を得る．

$$\ln k = \ln k_0 - \frac{E}{RT} \quad (5.50)$$

したがって，さまざまな温度において反応速度定数を測定し，$\ln k$ 対 $1/T$ の関係をプロットすれば，その傾きから活性化エネルギー E を，切片あるいは任意温度における反応速度定数の値から頻度因子 k_0 を求めることができる．このようなプロットを**アレニウスプロット**（Arrhenius plot）と呼ぶ（図 5.3）．

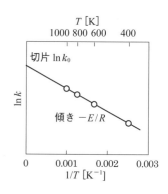

図 5.3　アレニウスプロット

アレニウスの式は，本来，素反応について成立する式であるが，素反応でなくても近似的に成り立つことがある．しかし，複雑な反応速度式をもつ場合にはアレニウスの式で表せない．

【例題 5.3】反応 A → R について，600 K，650 K における反応速度定数はそれぞれ $6.1 \times 10^{-4}\,\mathrm{s^{-1}}$，$2.5 \times 10^{-3}\,\mathrm{s^{-1}}$ であった．アレニウスの式が成り立つとして活性化エネルギーを求めよ．また，700 K における反応速度定数を推定せよ．

【解】式 (5.50) より，温度 T_1, T_2 のときの反応速度定数 k_1, k_2 を代入し，その差をとると，

$$\ln \frac{k_2}{k_1} = -\frac{E}{R}\left(\frac{1}{T_2} - \frac{1}{T_1}\right)$$

となる．したがって，活性化エネルギー E は以下のようになる．

$$E = -R\frac{\ln(k_2/k_1)}{1/T_2 - 1/T_1} = -8.314 \times \frac{\ln(2.5 \times 10^{-3}/6.1 \times 10^{-4})}{1/650 - 1/600}$$
$$= 9.15 \times 10^4 \,\mathrm{J\,mol^{-1}}$$

$T_3 = 700\,\mathrm{K}$ における反応速度定数 k_3 は次のように求められる．

$$k_3 = k_1 \exp\left\{-\frac{E}{R}\left(\frac{1}{T_3} - \frac{1}{T_1}\right)\right\}$$
$$= 6.1 \times 10^{-4} \times \exp\left\{-\frac{9.15 \times 10^4}{8.314}\left(\frac{1}{700} - \frac{1}{600}\right)\right\} = 8.4 \times 10^{-3}\,\mathrm{s^{-1}}$$

■

5.4 代表的な反応器の設計

5.4.1 反応器の物質収支

反応器における物質収支をとることにより，反応器内の濃度変化や反応率変化を表す基礎式を得ることができる．これを**設計方程式**（design equation）という．一般的な系における物質収支の概念を図 5.4 に示す．このとき，系内の反応速度を一定と考えられるように，成分濃度が均一になるように系を選ぶことが望ましい．この系における成分の物質収支式は次のように表せる．

$$\text{（流入速度）} - \text{（流出速度）} + \text{（生成速度）} = \text{（蓄積速度）} \quad (5.51)$$

生成速度は，反応によって系内で成分が生成する速度であり，反応速度に系の体積を乗じた量である．蓄積速度は，時間とともに系内で成分が増加していく速度を表しており，**定常状態**（steady state）では 0 になる．回分操作は原理的に非定常状態であるのに対して，連続操作はたいてい定常状態で操作する．式 (5.51) を成分 A に当てはめると，次式が成り立つ．

$$F_{A0} - F_A + r_A V = \frac{dn_A}{dt} \quad (5.52)$$

これをもとに各反応器の設計方程式を導く．

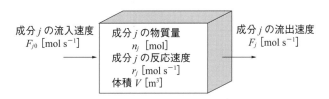

図 5.4 反応系の物質収支

5.4.2 回分反応器の設計
1) 定容回分反応器の設計方程式

回分反応器 (BR) は，理想的には完全混合と考えられるので，反応器内の各成分濃度は均一であり，反応器全体を系として物質収支をとることができる．反応の前後で体積変化がない定容回分反応器の場合，図 5.5 a に示すように流入と流出がなく，$F_{A0}=F_A=0$ なので式 (5.52) より次式を得る．

$$r_A V = \frac{dn_A}{dt} \tag{5.53}$$

成分 A の反応速度 r_A は負の値なので，一般に消失速度 $-r_A$ として表すことが多い．体積 V は一定であるから，

$$-r_A = -\frac{d(n_A/V)}{dt} = -\frac{dC_A}{dt} \tag{5.54}$$

となり，成分 A の初濃度を C_{A0} として積分すると次式のようになる．

$$t = \int_{C_A}^{C_{A0}} \frac{dC_A}{-r_A} \tag{5.55}$$

定容なので式 (5.11) を用いると，反応率 x_A でも表せる．

$$t = \int_{C_A}^{C_{A0}} \frac{d\{C_A(1-x_A)\}}{-r_A} = C_{A0} \int_0^{x_A} \frac{dx_A}{-r_A} \tag{5.56}$$

式 (5.55), (5.56) を定容回分反応器の設計方程式という．この式から，所定濃度 C_A あるいは所定の反応率 x_A を達成するために必要な反応時間 t を求めることができる．

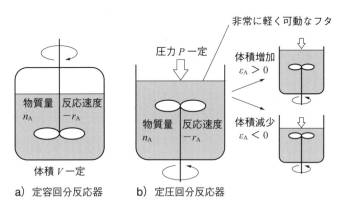

図 5.5 回分反応器の物質収支

【例題 5.4】 反応速度式 $-r_A = kC_A$ ($k = 1.5 \times 10^{-3}\,\mathrm{s}^{-1}$) で表せる A → R の 1 次反応を定容回分反応器で行う．30 分後の反応率はいくらか．
【解】 定容系なので反応速度式は

である．これを定容回分反応器の設計方程式 (5.56) に代入して積分すると，

$$t = \frac{1}{k}\int_0^{x_A}\frac{dx_A}{1-x_A} = -\frac{1}{k}\ln(1-x_A)$$

となり，30分後の反応率は次のようになる．

$x_A = 1 - \exp(-kt) = 1 - \exp(-1.5\times 10^{-3}\times 30\times 60) = 0.933 = 93.3\%$ ■

2) 定圧回分反応器の設計方程式

定圧回分反応器は，図 5.5b に示すように，反応器内の圧力を一定に保つために体積 V が可変な反応器である．物質収支式は定容回分反応器と同じ式 (5.53) で与えられ，非定容系であるので，等温であれば体積は式 (5.18) で表せて，

$$-r_A = \frac{1}{V_0(1+\varepsilon_A x_A)}\frac{d\{n_{A0}(1-x_A)\}}{dt} = \frac{C_{A0}}{1+\varepsilon_A x_A}\frac{dx_A}{dt} \quad (5.57)$$

となる．これを積分すると，等温条件における定圧回分反応器の設計方程式を得る．

$$t = C_{A0}\int_0^{x_A}\frac{dx_A}{(1+\varepsilon_A x_A)(-r_A)} \quad (5.58)$$

5.4.3 連続槽型反応器の設計

1) 連続槽型反応器の設計方程式

連続槽型反応器 (CSTR) は完全混合流れと考えられるので，図 5.6 のように反応器全体を系として物質収支をとる．定常状態なので $dn_A/dt = 0$ を式 (5.52) に代入すると，

$$F_{A0} - F_A + r_A V = 0 \quad (5.59)$$

となる．反応器体積 V は一定である．これに式 (5.20), (5.22) を代入すると次式を得る．

$$-r_A = \frac{F_{A0} - F_A}{V} = \frac{v_0 C_{A0} x_A}{V} \quad (5.60)$$

ここで，**空間時間** (space time) τ [s] を次のように定義する．

$$\tau = \frac{V}{v_0} \quad (5.61)$$

これより，式 (5.60) は次式となる．

$$\tau = C_{A0}\frac{x_A}{r_A} \quad (5.62)$$

連続槽型反応器は，主に液相反応に用いられ定容系として扱われる

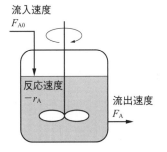

図 5.6 連続槽型反応器の物質収支

空間時間

空間時間は式 (5.61) からわかるように，反応器体積 V に等しい原料を処理するのに必要な時間を表す．定員 50 人の展示室に観客が出入りしているとき，1 分間あたり 10 人が入って出ていけば，入場を待つ 50 人をさばくのに 5 分必要になる．これが空間時間に相当する．空間時間が小さいほど短時間で処理が可能であり，性能が高いことになる．一方，反応物が反応器に入ってから出るまでの時間を滞留時間という．観客が展示を見る時間はすべて同じではなく，長く見る人もいればすぐに出ていく人もいるので，滞留時間にはばらつきが現れる．

ことが多いので，表5.2の式を用いてモル濃度 C_A で表すこともできる．

$$\tau = \frac{C_{A0} - C_A}{-r_A} \tag{5.63}$$

式 (5.62)，(5.63) を連続槽型反応器の設計方程式という．この式より，所定の反応率 x_A あるいは所定濃度 C_A を達成するために必要な空間時間 τ や反応器体積 V を求めることができる．

【例題 5.5】 反応速度式 $-r_A = kC_A^2$ ($k = 8.0 \times 10^{-4} \, m^3 \, mol^{-1} \, s^{-1}$) で表せる $2A \to R$ の液相2次反応を体積 $1.0 \, m^3$ の連続槽型反応器で行う．原料として $40 \, mol \, m^{-3}$ の成分A を $2.0 \times 10^{-4} \, m^3 \, s^{-1}$ で供給したとき，反応率はいくらになるか．

【解】 空間時間 τ は，

$$\tau = \frac{V}{v_0} = \frac{1.0}{2.0 \times 10^{-4}} = 5.0 \times 10^3 \, s$$

であり，液相反応なので，反応速度式は次式となる．

$$-r_A = kC_A^2 = kC_{A0}^2(1-x_A)^2$$

これを連続槽型反応器の設計方程式 (5.62) に代入すると次のようになる．

$$\tau = \frac{x_A}{kC_{A0}(1-x_A)^2}$$

$$k\tau C_{A0} x_A^2 - (2k\tau C_{A0} + 1)x_A + k\tau C_{A0} = 0$$

$k\tau C_{A0} = 8.0 \times 10^{-4} \times 5.0 \times 10^3 \times 40 = 160$ を用いて二次方程式を解くと，

$$x_A = \frac{(2k\tau C_{A0} + 1) - \{(2k\tau C_{A0} + 1)^2 - 4(k\tau C_{A0})^2\}^{1/2}}{2k\tau C_{A0}}$$

$$= \frac{(2 \times 160 + 1) - \{(2 \times 160 + 1)^2 - 4 \times 160^2\}^{1/2}}{2 \times 160} = 0.924 = 92.4\,\%$$

となる．■

2) 多段連続槽型反応器

連続槽型反応器は，直列に並べて多段化した多段連続槽型反応器（多段CSTR；図5.7）を用いることにより性能を高めることができる．N 段の定容回分反応器の場合，i 段目の反応器について式 (5.63) を当てはめると，

$$\tau_i = \frac{V_i}{v_0} = \frac{C_{A,i-1} - C_{A,i}}{-r_{A,i}} \tag{5.64}$$

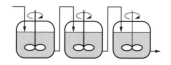

図5.7 多段連続槽型反応器

となる．これによって，1段目への供給濃度 C_{A0} から順に逐一各反応器の出口濃度を求めることができ，最終的な反応率 x_A は次式で表せる．

$$1 - x_A = \frac{C_{A,N}}{C_{A0}} = \frac{C_{A,1}}{C_{A0}} \frac{C_{A,2}}{C_{A,1}} \cdots \frac{C_{A,N}}{C_{A,N-1}} \tag{5.65}$$

1次反応の場合，式 (5.64) に反応速度式 $-r_A = kC_A$ を代入して整理すると，

$$\frac{C_{A,i-1}}{C_{A,i}} = 1 + k\tau_i \tag{5.66}$$

となる．各反応器の体積 V_i が等しいときは空間時間 τ_i も等しいので，これを改めて τ とおくと次式を得る．

$$1 - x_A = \frac{1}{(1+k\tau)^N} \tag{5.67}$$

【例題 5.6】反応速度式 $-r_A = kC_A$ で表せる A → R の液相1次反応を連続槽型反応器で操作したとき，反応率が 75 % になった．体積半分の反応器を二つ直列につないだ多段連続槽型反応器を用いて同じ条件で操作したとき，反応率はいくらになるか．

【解】液相1次反応なので，反応速度式は次のように表せる．

$$-r_A = kC_A = kC_{A0}(1-x_A)$$

これを連続槽型反応器の設計方程式 (5.63) に代入すると，

$$\tau = \frac{x_A}{k(1-x_A)}$$

$$k\tau = \frac{x_A}{1-x_A} = \frac{0.75}{1-0.75} = 3.0$$

となる．体積が半分になると，空間時間 τ' も半分になる．液相1次反応なので，式 (5.67) が成り立つ．反応率は次のとおりである．

$$x_A = 1 - \frac{1}{(1+k\tau')^N} = 1 - \frac{1}{(1+3.0/2)^2} = 0.84 = 84\,\% \qquad\blacksquare$$

5.4.4 管型反応器の設計

管型反応器 (PFR) は，軸方向に濃度分布があるため反応器全体を一つの系として扱うことができない．押出し流れであれば半径方向の濃度は均一なので，図 5.8 に示すように任意の位置に微小体積 dV をとり，定常状態であるとして，この部分における成分 A の物質収支をと

定容回分反応器と管型反応器

定容回分反応器の設計方程式 (5.56) と管型反応器の設計方程式 (5.70) は右辺が同じである．図 5.9 に示すように，定容系において，回分反応器内の反応が時間とともに進行していく様子は，管型反応器内で流れとともに空間的に反応が進んでいく様子と一致し，定容回分反応器の反応時間 t と管型反応器の空間時間 τ は等しくなる．ただし，非定容系ではその限りではない．

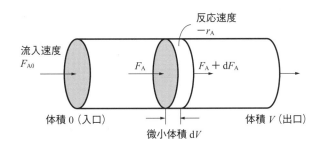

図 5.8 管型反応器の物質収支

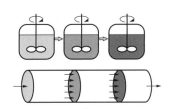

図 5.9 回分反応器と管型反応器

ると次式のようになる．
$$F_A - (F_A + dF_A) + r_A dV = 0 \tag{5.68}$$
これに式 (5.20), (5.22) を代入すると
$$-r_A = v_0 C_{A0} \frac{dx_A}{dV} \tag{5.69}$$
となる．積分して，式 (5.61) を用いて整理すると，次の管型反応器の設計方程式を得る．
$$\tau = \frac{V}{v_0} = C_{A0} \int_0^{x_A} \frac{dx_A}{-r_A} \tag{5.70}$$
式 (5.70) を管型反応器の設計方程式という．

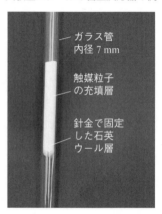

実験室スケールの管型反応器の例

ガラス管 内径 7 mm
触媒粒子 の充填層
針金で固定 した石英 ウール層

触媒粒子がガラス管内に充填されている．

【例題 5.7】 管型反応器を用いて $-r_A = kC_A$ ($k = 5.0 \times 10^{-3}\,\text{s}^{-1}$) で表せる A → 2R の気相 1 次反応を行う．成分 A が 60 %，不活性ガスが 40 % の原料を供給し，成分 R を $0.25\,\text{mol s}^{-1}$ で生産したい．反応器内が 800 K, 300 kPa に保たれ，反応率が 90 % のとき，反応器体積をいくらにすべきか．

【解】 題意より $y_{A0} = 0.60$ なので，
$$\varepsilon_A = \delta_A y_{A0} = \left(\frac{-\nu_A - \nu_R}{\nu_A}\right) y_{A0} = \left(\frac{-1+2}{2}\right) \times 0.60 = 0.60$$
である．等温定圧の気相反応なので反応速度式は，
$$-r_A = k C_A = \frac{k C_{A0}(1 - x_A)}{1 + \varepsilon_A x_A}$$
となり，管型反応器の設計方程式に代入すると下のようになる．
$$\tau = \frac{1}{k} \int_0^{x_A} \frac{1 + \varepsilon_A x_A}{1 - x_A} = \frac{1}{k} \int_0^{x_A} \left(\frac{1 + \varepsilon_A}{1 - x_A} - x_A\right) dx_A$$
$$= -\frac{(1 + \varepsilon_A) \ln(1 - x_A) + \varepsilon_A x_A}{k}$$
$$= -\frac{(1 + 0.60) \ln(1 - 0.90) + 0.60 \times 0.90}{5.0 \times 10^{-3}} = 629\,\text{s}$$
反応器入口の成分 A の濃度 C_{A0} は，理想気体の法則が成立するとして，
$$C_{A0} = \frac{n_{A0}}{V} = \frac{P_{A0}}{RT} = \frac{P y_{A0}}{RT} = \frac{300 \times 10^3 \times 0.60}{8.314 \times 800} = 27.1\,\text{mol m}^{-3}$$
となる．反応器出口の成分 R の濃度 C_R は次式のとおりである．
$$C_R = \frac{C_{R0} + (\nu_R/\nu_A) C_{A0} x_A}{1 + \varepsilon_A x_A} = \frac{0 + (2/1) \times 27.1 \times 0.90}{1 + 0.60 \times 0.90}$$
$$= 31.7\,\text{mol m}^{-3}$$
式 (5.21), (5.22) より反応器入口および出口の体積流量 v_0, v は，
$$v = \frac{F_R}{C_R} = \frac{0.25}{31.7} = 7.89 \times 10^{-3}\,\text{m}^3\,\text{s}$$

$$v_0 = \frac{v}{1 + \varepsilon_A x_A} = \frac{7.89 \times 10^{-3}}{1 + 0.60 \times 0.90} = 5.12 \times 10^{-3} \, \text{m}^3 \, \text{s}$$

であり，したがって反応器体積 V は次式のとおりとなる．

$$V = \tau v_0 = 629 \times 5.12 \times 10^{-3} = 3.2 \, \text{m}^3 \quad ■$$

5.4.5 反応器の性能比較

反応速度 $-r_A$ は反応率 x_A の関数であり，一般に反応率が高くなるにつれて反応物 A の濃度が低下するので，反応速度も減少する．そのため，$C_{A0}/(-r_A)$ を縦軸，x_A を横軸にとると図 5.10 のような増加関数となる．連続槽型反応器の空間時間 τ_m は，式 (5.63) より図 5.10 a の長方形の面積に相当し，管型反応器の空間時間 τ_p は，式 (5.70) より積分値なので曲線と横軸に囲まれた面積に相当する．図から明らかなように，連続槽型反応器の空間時間よりも管型反応器の空間時間の方が小さい．これは，体積流量 v_0 が等しければ連続槽型反応器よりも管型反応器の方が小さい反応器体積ですませることができ，性能が優れていることを示している．

多段連続槽型反応器の空間時間は，図 5.10 b のように各長方形の面積 τ_{m1}, τ_{m2} の和に等しい．図 5.10 a と比較すると，多段化することで単段連続槽型反応器よりも空間時間が小さくなり，段数を増やしていくと管型反応器に近づき，次第に性能がよくなることがわかる．

反応器内の濃度分布

連続槽型反応器と管型反応器の反応物濃度分布は図 5.11 のようになる．管型反応器は押出し流れであり，入口付近では濃度が高いため反応速度が大きく，出口に近づくにつれて低下する．連続槽型反応器は完全混合流れであり，濃度は均一で出口濃度 C_{Af} に等しく，管型反応器に比べて全体的に低いので，反応速度は小さい．したがって，同じ出口濃度，すなわち同じ反応率を達成するには，連続槽型反応器の方が大きな体積 V を必要とする．

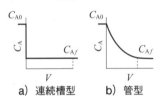

図 5.11 反応器内の反応物濃度分布

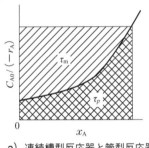
a) 連続槽型反応器と管型反応器

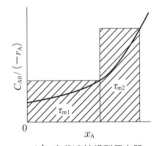
b) 多段連続槽型反応器

図 5.10 反応器の性能比較

5.4.6 自触媒反応の反応器最適化

自触媒反応とは，生成物がその反応自体の触媒として働く反応で，反応の進行とともに触媒の濃度が高くなるため，反応の初期では反応物濃度が低下するにもかかわらず，反応速度が増加する．例えば，アセトンの臭化反応では，生成物の臭化水素 HBr（水素イオン）が触媒として働き，反応を促進する*．自触媒反応において，$C_{A0}/(-r_A)$ を縦軸，x_A を横軸にとると，その関係は図 5.12 a のように最小値をもつ曲

* 臭化水素が触媒として働くメカニズムは，HBr が水溶液中で H^+ と Br^- に電離して，H^+ が触媒として働くことによる．

第 5 章　反応工学入門

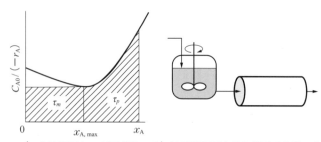

a) 自触媒反応の空間時間　　b) 連続槽型反応器と管型反応器の直列

図 5.12　自触媒反応における反応器の最適化

線となる．縦軸が最小値のときに反応速度は最大であり，このときの反応率を $x_{A,max}$ とする．空間時間が最も小さくなるのは，**図 5.12 b** のように連続槽型反応器と管型反応器を直列に結合して，最大反応率 $x_{A,max}$ までは連続槽型反応器を用い，その後は管型反応器に移して目的の反応率を達成するときである．このときの各反応器の空間時間 τ_m, τ_p は次式で求められる．

$$\tau_m = C_{A0} \frac{x_{A,max}}{-r_{A,max}} \tag{5.71}$$

$$\tau_p = C_{A0} \int_{x_{A,max}}^{x_A} \frac{dx_A}{-r_A} \tag{5.72}$$

【例題 5.8】 液相自触媒反応 A→R の反応速度は $-r_A = k C_A C_R$ ($k = 6.4 \times 10^{-5}$ m³ mol⁻¹ s⁻¹) で表せる．原料として成分 A を 80 mol m⁻³，成分 R を 8.0 mol m⁻³，体積流量 7.5×10^{-3} m³ s⁻¹ で供給し，連続操作によって反応率を 80 % にしたい．反応器体積を最小にするように連続槽型反応器と管型反応器を組み合わせるとき，各反応器の体積はいくらか．
【解】 反応速度式に表 5.2 の定容系の濃度の式を代入すると，

$$-r_A = k C_{A0}(1-x_A)(C_{R0} + C_{A0} x_A)$$

となり，これを反応率で微分すると，最大の反応速度 $-r_{A,max}$ とそのときの反応率 $x_{A,max}$ を得る．

$$\frac{d(-r_A)}{dx_A} = k C_{A0} \{-(C_{R0} + C_{A0} x_{A,max}) + (1-x_{A,max}) C_{A0}\} = 0$$

$$x_{A,max} = \frac{C_{A0} - C_{R0}}{2 C_{A0}} = \frac{80 - 8.0}{2 \times 80} = 0.45$$

$$\begin{aligned} r_{A,max} &= k C_{A0}(1-x_{A,max})(C_{R0} + C_{A0} x_{A,max}) \\ &= 6.4 \times 10^{-5} \times 80 \times (1-0.45) \times (8.0 + 80 \times 0.45) \\ &= 0.124 \text{ mol m}^{-3}\text{ s}^{-1} \end{aligned}$$

したがって，反応率 45 % に達するまでは連続槽型反応器を用い，それに管型反応器を直列に結合して反応率 80 % にするとき，反応器体積が最小になる．

連続槽型反応器の空間時間 τ_m は，式 (5.71) にこれらの数値を代入すると，

$$\tau_m = C_{A0} \frac{x_{A,\,max}}{-r_{A,\,max}} = 80 \times \frac{0.45}{0.124} = 290 \text{ s}$$

となって，連続槽型反応器の体積 V_m は次のようになる．

$$V_m = \tau_m v_0 = 290 \times 7.5 \times 10^{-3} = 2.2 \text{ m}^3$$

管型反応器の空間時間 τ_p は，式 (5.72) に反応速度式を代入すると，

$$\tau_p = \frac{1}{k} \int_{x_{A,\,max}}^{x_A} \frac{\mathrm{d}x_A}{(1-x_A)(C_{R0}+C_{A0}x_A)}$$

$$= \frac{1}{k(C_{A0}+C_{R0})} \int_{x_{A,\,max}}^{x_A} \left(\frac{1}{1-x_A} + \frac{C_{A0}}{(C_{R0}+C_{A0}x_A)} \right) \mathrm{d}x_A$$

$$= \frac{1}{k(C_{A0}+C_{R0})} \ln \frac{(1-x_{A,\,max})(C_{R0}+C_{A0}x_A)}{(1-x_A)(C_{R0}+C_{A0}x_{A,\,max})}$$

$$= \frac{1}{6.4 \times 10^{-5} \times (80+8.0)} \ln \frac{(1-0.45)(8.0+80\times0.80)}{(1-0.80)(8.0+80\times0.45)} = 267 \text{ s}$$

となる．管型反応器の体積 V_p は次のように求められる．

$$V_p = \tau_p v_0 = 267 \times 7.5 \times 10^{-3} = 2.0 \text{ m}^3 \quad \blacksquare$$

演習問題

5.1 次の気相反応を等温連続操作で行う．原料として二酸化硫黄を 50 mol m^{-3}，空気を 200 mol m^{-3} 供給し，三酸化硫黄を 40 mol m^{-3} で得ている．空気の組成を窒素 79 %，酸素 21 % として，限定反応成分の反応率を求めよ．

$$2\,SO_2 + O_2 \longrightarrow 2\,SO_3$$

5.2 アンモニアから硝酸を製造するオストワルト法は次の複合反応からなる．

$$4\,NH_3 + 5\,O_2 \longrightarrow 4\,NO + 6\,H_2O$$

$$2\,NO + O_2 \longrightarrow 2\,NO_2$$

$$3\,NO_2 + H_2O \longrightarrow 2\,HNO_3 + NO$$

各量論式の反応速度をそれぞれ r_1, r_2, r_3 とするとき，$NH_3, O_2, NO, H_2O, NO_2, HNO_3$ の反応速度を r_1, r_2, r_3 を用いて表せ．

5.3 例題 5.2 の酵素反応において，酵素基質複合体が酵素と生成物になる過程を律速段階として，律速段階近似法によって反応速度式を導出せよ．

5.4 ある反応の温度を 20 ℃ から 30 ℃ に上昇させると，反応速度が 2 倍になった．アレニウスの式が成り立つとして，40 ℃ における反応速度は 20 ℃ のときの何倍になるか．

5.5 反応速度式 $-r_A = kC_A^2$ で表せる $2A \rightarrow R$ の 2 次反応を定容回分反応器で行う．30 分後の反応率が 60 % であったとき，反応率 90 % に達するのは何分後か．

5.6 反応速度式 $-r_A = kC_A$ で表せる $A \rightarrow R$ の液相 1 次反応を定容回分反応器で行ったところ，10 分後の反応率は 40 % であった．この結果を踏まえて連続槽型反応器に原料成分 A を $2.0 \text{ m}^3 \text{h}^{-1}$ で供給し，反応率 90 % を達成したい．反応器の体積をいくらにすればよいか．

5.7 管型反応器を用いて $-r_A = kC_A$ で表せる $A \rightarrow 2R$ の気相 1 次反応を行う．原料として成分 A を供給したとき反応率は 45 % であった．同じ反応器を用いて成分 A と不活性ガスのモル比 1：1 の混合ガスを供給して反応率を 90 % にするためには，混合ガスの体積流量を何倍にすればよいか．

Column
水素社会実現のための反応工学

次世代エネルギーとして水素が注目されている．水素は，生物反応における排出物が水のみのクリーンエネルギーであること，再生可能エネルギーやバイオマスなどから製造可能でありエコロジカルであること，高いエネルギー効率をもつ燃料電池への活用により大幅な省エネルギーを可能とすることなどの利点をもつ二次エネルギーである．水素エネルギーの導入例として，エネファームや燃料電池自動車（fuel cell vehicle，FCV）がある．エネファームは空気中の酸素と水素を反応させて，電気と熱の両方を発生させる．FCV は，空気中の酸素と車載タンクの水素を反応させて発電して駆動する電気自動車である．FCV 普及のためにはインフラとして水素ステーションの整備が不可欠で，水素を安全に運搬する技術が重要となる．

水素製造はその中核技術で，太陽光や風力などの再生可能エネルギーで供給された電力による水の電気分解で広く製造されているが，製造量が小さいことから，エネルギー効率の高い製造法が研究されている．複数の化学反応の組み合わせを利用する熱化学サイクル法や，半導体電極における光化学分解反応を利用する光触媒法などがある．また，バイオマスを原料として，そのガス化あるいは微生物分解によって水素を製造する方法も検討されている．これらの技術を実用化して水素社会を実現するためには，反応工学の寄与が不可欠である．

水素ステーション
（ENEOS 横浜綱島水素ステーション）

6 蒸留

化学プロセスでは，原料を高純度化して製品品質を高めるために分離が行われ，原料をリサイクルするために反応物から分離が行われる．さらに廃棄物から価値のある原料を取り出すための分離は，循環型社会に欠かせない技術である．本章では化学プロセスで最も基本的かつ代表的な分離操作となっている蒸留について基礎から学ぶ．物質の分離は，原料の高純度化および，反応の結果として得られる混合物からの目的成分の回収精製や，原料のリサイクルのために不可欠な技術である．本章で学ぶ蒸留は，成分を分離するための，最も基本的かつ代表的な操作である．

6.1 気液平衡

蒸留 (distillation) は，原油からの石油製品の取り出し，焼酎やウイスキーなどの蒸留酒の製造で行われる分離操作で，混合溶液中の成分間の沸点の差すなわち蒸気圧差を利用する．蒸留による分離の起源は古く，メソポタミアで紀元前に香料分離の記録が粘土板に残され，錬金術に受け継がれて発展していった長い歴史をもつ．

フラスコ中の混合溶液を加熱して沸騰させるとき，液体中にできた気泡には低沸点の成分が多く含まれ，これが蒸気として液からもち出されるため，液の組成が変化して沸点はしだいに高くなる．沸騰しているとき液体と蒸気の組成には固有の関係（平衡関係）があり，液相と蒸気相の組成に差があれば蒸留で分離できる．ある混合物では沸騰しても液相と蒸気相の組成が同じになり，蒸留で分離できないものもある．このような混合物は **共沸混合物** (azeotropic mixture) と呼ばれる．

蒸留を初めて学ぶ人は，成分間の沸点が異なる混合物を加熱すると，<u>はじめに低い沸点成分のみが蒸発し，その蒸気は純物質で，後で高沸点成分が蒸発する</u>，と誤解することがある．もしこれが本当なら蒸留による分離は非常に簡単だが，実際にはこうならず，蒸気と液の組成は **気液平衡** (vapor liquid equilibrium) による制約を受ける．気液平衡を知ることは蒸留操作の「地図」を得ることで，後に述べる設計に欠かすことができない．多くの混合物で実験により気液平衡が測定され，データベースにまとめられており，データがない混合物では推算される．この章では混合物として最も単純な2成分系を扱う．2成分系とは，異なる物質が二種含まれる混合物である．

蒸留は多くの場合一定圧力のもとで操作される．気液平衡関係の代

ウイスキーの蒸留
(サントリー白州蒸溜所のスレート型ポットスチル．サントリー提供)

ベンゼン−トルエンの混合物は理想溶液に近い
蒸留を説明するほぼすべての文献でこの混合物から説明が始められる．理想溶液とはすべての成分分子間の相互作用が等しい溶液で，ベンゼンとトルエンは化学構造が似ているため理想溶液に近く，$x\text{-}y$ 線図ではきれいな弓形の曲線を描き，ラウールの法則（次ページ参照）を説明しやすいためであろう．実際には理想溶液に近い混合物は少なく，共沸点をもつものも多い．

表例として，常圧*，101.3 kPa でのベンゼン－トルエン系の相図を**図 6.1** に示す．本書では液体組成を x，蒸気もしくは気体の組成を y で表記する．仮に，よく伸び縮みできる密閉容器に成分 A（例えばベンゼン）の液相組成 x_A の液を入れて加熱して沸騰させると，組成 y_A の蒸気ができる．平衡関係にある蒸気-液組成をプロットした図を x-y 線図と呼ぶ．平衡を表す曲線とともに，後述する設計に便利なように対角線を描く．

成分 A の気相と液相の平衡組成比を気液比 $K_A (= y_A/x_A)$ と呼び，成分 A と B の気液比の比を**相対揮発度***（relative volatility）α_{AB} という．

$$\alpha_{AB} = \frac{K_A}{K_B} = \frac{y_A/x_A}{y_B/x_B} \quad (6.1)$$

この値は分離の容易さを表す指標で，1 から離れるほど分離が容易である．ここで，2 成分系では成分 A と B の分率の間には自明な関係として $x_A + x_B = 1$，$y_A + y_B = 1$ が成立する．

気液平衡を使う場合，条件に適した実測値があればよいが，ない場合に，計算で推測できれば便利である．液体混合物のうちで，ベンゼン－トルエンやヘプタン－ヘキサンのように，分子構造が似ていて分子間での相互作用の差が小さい液体混合物は**理想溶液**（ideal solution）をつくる．混合物が理想溶液に近い場合には，以下に示すように気液平衡を簡単な式で予測できる．

理想溶液では**ラウールの法則**（Raoult's law）が成立し，蒸気中の成分 A の分圧 p_A は，純成分の蒸気圧 $P_A°$ と液組成の積で与えられる．

$$p_A = P_A° x_A \quad (6.2)$$

蒸気圧 $P_A°$ は温度の関数で，下記のアントワン式を用いれば，物質ごとに決められた定数と温度を用いて推算することができる．

$$\log P° = A - \frac{B}{t+C} \quad (6.3)$$

ここで，$P_A°$ の単位は [kPa]，t [K] は温度，A, B, C はアントワン定数と呼ばれるパラメータで，式 (6.3) についての各値は**表 6.1** で与えられる*．

また，p_A は全圧 P とモル分率 y_A を用いて $p_A = y_A P$ と表され，式 (6.1) に代入すれば

$$\alpha_{AB} = \frac{P_A°/P}{P_B°/P} = \frac{P_A°}{P_B°} \quad (6.4)$$

となる．全圧は各成分分圧の総和で，A, B の 2 成分系では $P = p_A + p_B$ である．したがって，理想溶液の気液平衡を推算する式は，相対揮発度 α_{AB} を用いて次式のように簡単な式で表される．

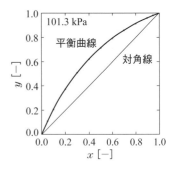

* 常圧とは，室内で特別に加圧や減圧をしない状態の大気圧で，101.3 kPa のことである．この圧力は 1 気圧，1 atm と等しい（1.1 節参照）．

図 6.1 ベンゼン－トルエン系の気液平衡（x-y 線図）

x-y 線図

x-y 線図の対角線には液相組成と気相組成が等しいという重要な意味がある．気液平衡曲線が対角線と交わる点が共沸点であり，共沸混合物の組成を表す．

* 比揮発度とも呼ばれることがある．

アントワン式

アントワン式の名称は提案者の Louis Charles Antoine に因む．彼はフランス人であるため oi がワと発音される．この式はクラウジウス-クラペイロン式よりも精度が高い．

* アントワン定数を使う場合には，必ず式と対応したものを用いなければならない．

表 6.1 アントワン式 $\left(\log P_A{}^\circ = A - B/(t+C)\right)$ の定数，$P_A\,[\mathrm{kPa}]$，$t\,[\mathrm{K}]$

物質	A	B	C	沸点 [K]
ベンゼン	6.01905	1204.637	53.081	353.24
トルエン	6.07943	1342.320	54.205	383.77
エタノール	7.24222	1595.811	46.702	351.45
メタノール	7.20660	1582.698	33.385	337.70
水	7.06252	1650.270	46.804	373.15
n-ペンタン	5.99028	1071.187	40.384	309.22
n-ブタン	5.95358	945.089	33.256	272.65

$$y_A = \frac{p_A}{P} = \frac{P_A{}^\circ x_A}{p_A + p_B} = \frac{\alpha_{AB}\, x_A}{1 + (\alpha_{AB} - 1)\, x_A} \tag{6.5}$$

この式は，理想溶液では相対揮発度 α_{AB} が定まれば気液平衡を計算で予測できることを示している．次の例題では気液平衡を推算する方法について学ぶ．

【例題 6.1】 ベンゼン－トルエンの 2 成分混合物の 101.3 kPa における気液平衡は，ラウールの法則で表される．沸点が 363 K となる液組成および，この液と平衡にある蒸気組成を求めよ．ただし，純成分の蒸気圧はアントワン式を用いて計算せよ．

【解】 ベンゼンを成分 1，トルエンを成分 2 と表記し，363 K でのそれぞれの蒸気圧 $P_i{}^\circ$ をアントワン式 (6.3) から求めると以下の値が求められる．

$$P_1{}^\circ = 136.1\,\mathrm{kPa}, \quad P_2{}^\circ = 54.3\,\mathrm{kPa}$$

全圧は各成分の分圧の和であるので，ラウールの法則と $x_1 + x_2 = 1$ の関係を用いて，$101.3 = 136.1 x_1 + 54.3 (1 - x_1)$．

これを解けば，$x_1 = 0.575$ と求まる．

これより

$$y_1 = \frac{p_1}{P} = \frac{x_1 P_1{}^\circ}{P} = \frac{0.26 \times 179.3}{101.3}, \quad y_1 = 0.772$$

実測値は $x_1 = 0.578$，$y_1 = 0.769$ であり[*]，計算値とよく一致する．　■

溶液混合物が水溶液の場合のように，水分子に働く水素結合により，水以外の成分間の相互作用が水分子間の相互作用と大きく異なるため，理想溶液と見なせないことが多い．このような非理想溶液に対しては，**活量係数**（activity coefficient）γ を用いて気液平衡を表す．

$$y_A P = \gamma_A x_A P_A{}^\circ \tag{6.6}$$

理想溶液では γ の値が 1 であり，γ の値は理想性からのずれが大きくなるほど 1 から離れる．さまざまな混合物に対する γ の値はウイルソン（Wilson）式，NRTL 式，UNIQUAC 式などにより推算される[*]．

[*] コーガン，フリドマン，カファロフ 著，平田光穂 訳『気液平衡データブック』講談社（1974）より．

活量係数
　活量係数とは，実在溶液と理想溶液とのずれを補正するために導入された量で，活量係数を考慮してラウールの法則を使えば，実在溶液の気液平衡を予測できる便利な係数である．

[*] 活量係数の推算式の詳細は成書を参照されたい．

第6章 蒸留

6.2 単段連続蒸留の操作と設計

蒸留の基礎的な設計法として，原料から目的の濃度の製品を得るために必要な操作の条件を決めてみよう．設計には気液平衡曲線と物質収支式を表す直線を用いる．最も簡単な連続蒸留操作は，**フラッシュ蒸留**（flash distillation）と呼ばれる．この操作は**図6.2**に示す装置で行われ，加熱された原料が連続的に供給されて瞬時に蒸発して，得られた蒸気と液が分離される．このとき気液の組成は平衡状態にある．連続操作であるため，ユニットへの入量と出量を簡略化して表すフロー図で条件をまとめるのが便利である．このフローを**図6.3**に示す．

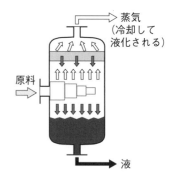

図6.2 フラッシュ蒸留装置の例

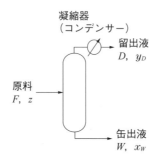

図6.3 フラッシュ蒸留装置のフロー図

一般に，連続操作を扱う際に，液量や液流速を大文字で，組成を小文字で表記し，組成には低沸点成分に対する値を用いる．原料供給液量を $F\,[\mathrm{kmol\,h^{-1}}]$，供給液組成を z，留出液流量を $D\,[\mathrm{kmol\,h^{-1}}]$，組成を y_D，缶出液*流量を $W\,[\mathrm{kmol\,h^{-1}}]$，組成を x_W とすると，

全量物質収支　　$F = D + W$ 　　　　　　　　　(6.7)

低沸点成分物質収支　　$Fz = Dy_D + Wx_W$ 　　(6.8)

二つの物質収支式を連立して整理し，次の関係を得る．

$$y_D = -\frac{W}{D}x_W + \left(1 + \frac{W}{D}\right)z \tag{6.9}$$

* 缶とは蒸留塔の底部に取り付けられた蒸発缶のことであり，この蒸発缶から出る液であるために缶出液と呼ばれる．

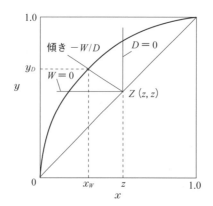

図6.4 フラッシュ蒸留操作

この式は図 6.4 の対角線上の点 $Z(z,z)$ を通り，傾きが $-W/D$ の直線を表している*．x_W と y_D は平衡の関係なので，この直線と気液平衡曲線との交点は蒸気組成と液組成を与える．W が大きいと y_D と z の差は大きく，D が大きいと y_D と z の差は小さくなる．つまり D と W の流量の比を操作すれば，製品組成である x_D の値が変化するので，所定の x_D を得るための条件を決定できる．

* 分離の操作において，物質収支から得られる関係式は操作線と呼ばれる．装置を操作する条件を変えることで，この線の傾きや切片が変わることに由来する．

【例題 6.2】101.3 kPa でベンゼン（成分 1）－トルエン（成分 2）の混合物（ベンゼンモル分率 0.5）を 300 kmol h^{-1} で供給してフラッシュ蒸留を行っている．缶出液流量を留出液流量の 2 倍で操作するとき，留出液中のベンゼンモル分率を求めよ．

この場合，ベンゼン－トルエンの相対揮発度を 2.26 で一定と仮定すれば，気液平衡は式 (6.5) で表されるので，図解法によらなくても式 (6.5) と式 (6.9) を連立して解くことで解が得られる．

【解】図解法の場合，101.3 kPa でのベンゼン－トルエンの x-y 線図上に点 Z (0.5, 0.5) をとる．この点を通り傾き -2 の直線を描き，気液平衡曲線との交点の座標のうち，y 座標が解のモル分率である．■

6.2.1 連続多段蒸留の原理

混合溶液から目的成分を高純度で分離するには，単段の操作では不十分で，**還流**（reflux）を伴う**多段操作**（multistage operation）で達成される．連続多段蒸留の原理を図 6.5 に示す．各段からは液と蒸気が取り出され，原料が流量 F で供給される．第 f 段を境として，その上流側（濃縮部）と下流側（回収部）に分けて考える．

濃縮部では図 6.5a に示すように，第 f 段から生成した蒸気を凝縮さ

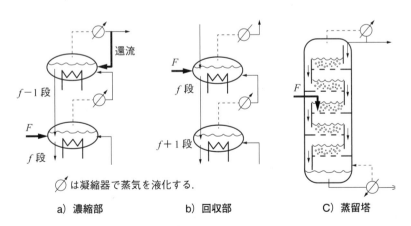

図 6.5 連続多段蒸留の原理
点線は蒸気流れを，実線は液化を表す．

せたものをさらに濃縮するため，上に $f-1$ 段を加える．Ⓐこの段から低沸点成分濃度の高い蒸気を得るためには，液中の低沸点成分組成を大きくする必要がある．このため，$f-1$ 段から出た蒸気を凝縮させた液の一部を，元の $f-1$ 段に還流し，還流量と同量の液を $f-1$ 段から抜き出して f 段に送る．Ⓑもし，還流と抜き出しがなければ，$f-1$ 段に入る凝縮液の組成と，この段を去る蒸気の組成が等しくなり分離は進まない．還流は，低沸点成分濃度が高い蒸気を得るために不可欠で，還流がなければ濃縮液を十分な量で得られない．

同様に，図 6.5b に示すように，第 f 段の液から低沸点成分を蒸気として回収するにも，液の抜き出しが必要となる．f 段の液を取り出して $f+1$ 段に加え，$f+1$ 段からの蒸気の凝縮物を f 段に加えれば回収できる．このとき，$f+1$ 段から液を抜き出さなければ，f 段から $f+1$ 段へ入る液と f 段へ入る凝縮液の組成が等しくなり，回収は進まない．

連続多段蒸留操作では，これらの濃縮，回収の操作を一つの蒸留塔で行う．図 6.5c の塔では内部に多孔板*が棚状に設置され，液が多孔板の上にたまるように供給されて順に下の段に流れ下り，蒸気は塔底から塔頂へ，多孔板の孔を通って上昇する．その間に気液は激しく混合され，物質が移動して平衡に近づく．液の沸点は塔の上部で低く，底部で高いため，下の段から発生する高温の蒸気を上の段に導くことで，蒸気の凝縮と液の加熱沸騰が同時に起こり，上下の段間で効率良く熱移動が行われる．

6.2.2 操作線と q 線

連続多段蒸留の操作の設計とは，分離に必要な段数と流量を求めることである．段数の決定では，後述する階段作図法が直観的に理解しやすい．この方法では，気液平衡曲線と，3本の物質収支に関する直線を描けば，階段作図により分離に必要な理論段数† を定めることができる．

まず，蒸留塔を外側から見たときの主要な流れについて，物質収支をとることから始める．図 6.6 に示す概略図のように，塔には組成 z_i の原料が塔に流量 F で供給され，塔頂から液量 D，組成 $x_{D,i}$ の留出液が，また塔底からは液流量 W，組成 $x_{W,i}$ の缶出液が取り出される．原料供給段から塔頂までを濃縮部，塔底までを回収部と呼ぶ．加熱缶（リボイラー，reboiler）で発生した蒸気は塔内を上昇し，塔頂から出た蒸気は全縮器（コンデンサー，condenser）で冷却して凝縮される．塔まわりで物質収支をとると次式が得られ，これらの本質はフラッシュ蒸留と同じである．

還流はムダではなく必須である

還流は，製品の一部を塔に戻す，と見ればムダなようであるが，連続多段操作ではきわめて重要となる．

還流を行うことで，蒸留塔全体にわたり上段から下段への液流れが生じる．下段は上流よりも低沸点成分の濃度が小さいので，下段から見ると，上段から還流によって低沸点成分に富む液が流れ込むことになる．この流れにより下段での低沸点成分の濃度が高まる．下段での低沸点成分の濃度が高まれば，下段でこの液と平衡にある蒸気中の低沸点成分濃度も高まる（下線部Ⓐ）．このように，塔内での低沸点成分の濃度を高める役割と，もう一つは塔内を流れる液量を高めることで蒸気と液の流動状態を安定にする役割がある．

分離操作には装置への一つの入量に対して最低二つの出量が必要

どんな装置でも，原料供給に対して出量が最低二つなければ分離はできない．本文の下線部Ⓑが示すように，一つの原料供給に対して出量が一つのみであれば，入ったものが出ていくだけで分離にならない．

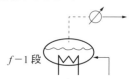

下線部Ⓑの状況．流入と流出は一つとなる．

* 多孔板とは孔が多数ある板で，孔は下の段の蒸気の通路として働く．蒸気流量が十分に大きければ，多孔板上に液があっても孔からもれ出ることは少ない．

† 理論段数については 6.2.3 項を参照されたい．

6.2 単段連続蒸留の操作と設計

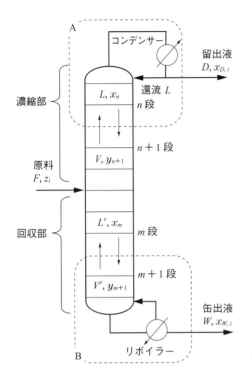

図 6.6 連続多段蒸留塔の概略図

流量の収支 $F = D + W$ (6.10)

目的成分の収支 $Fz_i = Dx_{D,i} + Wx_{W,i}$ (6.11)

次に，濃縮部での物質収支を塔の内部を含めた「囲み」でとる．濃縮部では，塔頂から出る蒸気の凝縮液の一部は塔に還流され，残りが留出液として取り出される．このとき還流液流量 L を留出液流量 D で割った値を**還流比**（reflux ratio）R と定義する．R を大きくすると，段間の濃度差が大きくなり分離度は高くなるが，塔を循環する液量が大きくなるため，加熱エネルギーは増大する．

物質収支は

$$V = L + D \quad (6.12)$$

$$Vy_{n+1,i} = Lx_{n,i} + Dx_{D,i} \quad (6.13)$$

となり，還流比 $R = L/D$ を用いると次式のように表せる．

$$y_{n+1,i} = \frac{L}{V}x_{n,i} + \frac{D}{V}x_{D,i} = \frac{R}{R+1}x_{n,i} + \frac{1}{R+1}x_{D,i} \quad (6.14)$$

これは濃縮部の操作線の式と呼ばれる重要な式である．塔頂から数えて第 n 段の液組成，$x_{n,i}$ とその下の段から上昇する蒸気組成 $y_{n,i}$ の関係を与える．

次に回収部の囲みについて収支をとると，

$$V' = L' - W \quad (6.15)$$

$$V'y_{m+1,i} = L'x_{m,i} - Wx_{W,i} \quad (6.16)$$

設計に必要な情報とは

目的とする分離の条件として，原料（供給液）の液量と組成，留出液，缶出液組成あるいは留出液組成と目的成分の回収率が与えられる．

段数を求めるには，還流比と，後述する q 値と呼ばれる原料に関する値が必要である．

第6章　蒸　留

となる．ここで段数 m は塔頂から数える．回収部の操作線の式は

$$y_{m+1,i} = \frac{L'}{V'} x_{m,i} - \frac{W}{V'} x_{W,i} \tag{6.17}$$

で与えられる．

　三番目の物質収支は，原料供給段のまわりでとる．V と V'，L と L' の関係は，原料がどの割合で蒸気もしくは液になるか，により定まる．供給液のうちで液になるモル分率を q とすれば，蒸気のモル分率は $(1-q)$ であるため物質収支は q の値を用いて

$$L' = L + qF \tag{6.18}$$
$$V' = V - (1-q)F \tag{6.19}$$

と書ける．原料供給段では濃縮部と回収部の操作線が交わる．式 (6.14) と式 (6.17) の交点の座標を (x,y) とおき，式 (6.18) および式 (6.19) を用いて整理すると下式のようになる．

$$y = -\left(\frac{q}{1-q}\right)x + \frac{z}{1-q} \tag{6.20}$$

式 (6.20) は二つの操作線の交点の軌跡を表し，x-y 線図上で点 $Z(z,z)$ を起点とする傾き $\dfrac{-q}{1-q}$ の直線となる．この直線を q 線と呼び，q 線と濃縮部の操作線の交点から，簡単に回収部の操作線を描くことができる．

　q 値はまた，供給原料の熱的状態からも定義することができる．

$$q = \frac{原料1モルを供給状態から沸点蒸気にする熱量}{原料のモル蒸発潜熱} \tag{6.21}$$

原料が沸騰状態（沸点）の液では $q=1$，沸騰状態（沸点）の蒸気では $q=0$ となる．沸点よりも高温の蒸気では $q<0$ で沸点以下の液では $q>0$ となる．q 値と q 線の傾きの値を混同しないように注意すべきである．

q 値と q 線の傾き

　q 値と q 線の傾きの関係は，原料が沸点の液のとき $q=1$ で，q 線の傾きは無限大となる．つまり q 線は x-y 線図の縦軸に平行となる．

　原料が沸点の蒸気のとき $q=0$ で，q 線の傾きはゼロ，つまり x-y 線図の横軸に平行となる．

6.2.3　蒸留塔の所要理論段数の決定

　条件として原料の組成と q 値，目標とする出口組成 xD と xW および還流比 R が与えられるとき，以下の (1) ～ (3) の仮定をおくことで x-y 線図上の階段作図により段数を決定できる．この方法は**マッケイブ-シーレ**（McCabe-Thiele）**法**と呼ばれる．

(1) 段上の蒸気と液はそれぞれ完全混合で，段を去る蒸気と液は平衡状態にある．この状態を理論段または理想段と呼ぶ．

(2) コンデンサー，リボイラー以外での熱の出入りはない．

(3) 気液のモル流量は濃縮部と回収部において一定である．

これらの仮定のうえで求められた段数を理論段数と呼ぶ．次の例題では，マッケイブ–シーレ法による所要理論段数の決定法を学ぶ．

【例題 6.3】 流量が 100 kmol h^{-1} で，メタノール 40 mol%，水 60 mol% からなる混合物を蒸留塔により，メタノールを 95 mol% の純度で 90% 以上回収したい．還流比を 3.5 とした場合の所要理論段数を求めよ．ただし，操作圧力は 101.3 kPa で一定，原料は沸点の液で供給され還流も沸点の液で行われる．

【解】 題意より $F = 100$ kmol h^{-1}, $z = 0.4$, $x_D = 0.95$, $R = 3.5$ である．回収率 90% より，$\eta = \dfrac{Dx_D}{Fz} = \dfrac{D(0.95)}{(100)(0.4)} = 0.9$

これより $D = 37.9$ kmol h^{-1}，塔まわりの物質収支より

$100 = 37.9 + W$

$100(0.4) = (37.9)(0.95) + Wx_W$

$W = 62.1$ kmol h^{-1}, $x_W = 0.105$

作図を次の順に行う．

1) 濃縮部の操作線を描く．図 6.7 の x–y 線図の対角線上に点 $D(x_D, x_D)$ をとり，この点と切片 $\dfrac{x_D}{R+1}$ を結ぶ*．

2) q 線を描く．原料が沸点の液なので，傾きは無限大で点 Z を通る垂直線を引く．

3) 回収部の操作線を描く．点 $W(x_W, x_W)$ と q 線と濃縮部の操作線の交点を結ぶ*．

4) 階段作図を行う．点 D を起点として水平線を引き，平衡曲線との交点が，第 1 段を去る蒸気組成を与える．この交点から垂直線を引き濃縮部の操作線との交点を得る．この点から再び水平線を引き，平衡曲線との

* 濃縮部の操作線は式 (6.14) であり，傾き 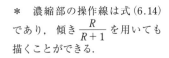 $\dfrac{R}{R+1}$ を用いても描くことができる．

* このように回収部の操作線を描けるので，式 (6.17) の傾きと切片を予め求める必要はない．

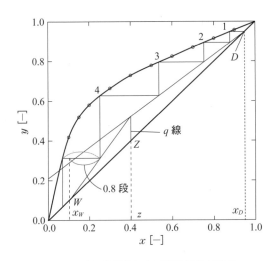

図 6.7 階段作図法による理論段数の決定

交点を求めると，この点が第2段の気液組成を与える．このように階段作図を繰り返し，作図のための水平線が q 線を越えた後は，操作線には回収部のものを用いる．また，q 線を越えたところの段を原料供給段とする．

5) 作図のための水平線が x_W を越えたところで垂直線を描き作図を終える．段数の端数は図のように比例案分して求め，このとき約0.8となる．これは，リボイラーを含めた理論段数として4.8段であることを示している．　■

6.2.4　最小還流比と最小理論段数

還流比を変えると濃縮部の操作線の傾きが変わるため，所要理論段数は大きく変化する．図6.8および式(6.14)でわかるように，還流比 R が大きくなると濃縮部の操作線は平衡線から離れ，一つの段での分離は向上する．R が無限大，すなわちコンデンサーからの凝縮液をすべて塔に戻し，留出液を取り出さない全還流操作では所要理論段数は最小になる．逆に還流比を小さくすれば操作線の傾きは小さくなり，操作線はやがて平衡曲線と q 線の交点を通る．このときの還流比を**最小還流比**（minimum reflux ratio）と呼び R_m で表す．このとき理論段数は無限大となり，これ以上還流比を小さくすると x_D までの分離ができなくなる．R_m は実際の還流比を決めるための限界値として重要で，実際の還流比 R には R_m の1.1〜1.5倍の値を選択する．R_m の値は，平衡曲線と q 線の交点を通る，濃縮部の操作線の傾き $\dfrac{R_m}{R_m+1}$ か，もしくは y 切片 $\dfrac{x_D}{R_m+1}$ から計算される*．

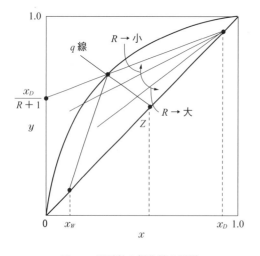

図6.8　還流比と操作線の関係

段数の端数の求め方

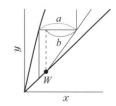

階段作図の最終段で x が a だけ変化すると，W 点よりも小さくなる．a だけ変化すると1段であるが，W 点の組成を満たすには b の変化で十分である．したがって，端数を b/a とする．ここで，a と b の値は座標で決めてもよいし，図であれば定規で測ってもよい．

蒸留塔のスタートアップは全還流から

停止状態から蒸留塔を運転する（立ち上げる）には全還流で行い，製品を取り出さない．塔内部の蒸気と液の流れの状態が安定した後に，徐々に所定の運転条件に調整する．

*　q 線の傾きが -0.5 となるのは，塔に供給されるものが液体と蒸気の混合物の場合である．

演習問題

6.1 メタノール-水の2成分混合物を理想溶液と仮定して，101.3 kPaで平衡にある液相組成がメタノール30 mol%，水70 mol%のときの蒸気組成を求めよ．

6.2 ベンゼン-トルエンの2成分混合物は理想溶液と仮定でき，相対揮発度を2.26とする．ベンゼンを50 mol%含む混合物を，流量 1 kmol h^{-1} で，101.3 kPaのもとでフラッシュ蒸留して，留出液量に対する缶出液量の比を2で操作するとき，以下の問いに答えよ．

(1) 気液平衡曲線を与える式を求めよ．
(2) 留出液と缶出液の組成を求めよ．

6.3 エタノール 50 wt%，水 50 wt% の混合液を，流量 700 kg h^{-1} で連続的に多段蒸留塔に供給して分離し，エタノール 95 wt% の留出液と，エタノール 3 wt% の缶出液を得たい．このとき，留出液と缶出液の流量を求めよ．

6.4 ベンゼン 50 mol%，トルエン 50 mol% から成る原料油を沸点の液として流量 1000 mol h^{-1} で連続蒸留塔に供給し，還流比 R の値を5とする．
ベンゼン濃度 90 mol% の留出液と，ベンゼン濃度 5 mol% の缶出液が得られるように塔を設計したい．所要理論段数を図解法（マッケイブ-シーレ法）により求めよ．

Column

蒸留は分離技術の要

蒸留は数ある分離技術のなかで最も古いものの一つで，メソポタミアの遺跡で紀元前約3500年頃の香料用の蒸留器が発掘されている．その後の錬金術の時代を経て蒸留酒が生み出され，蒸留は我々の生活を豊かにするとともに，高純度品を得るのに欠かせないため，あらゆる化学工業の要となっている．液体の混合物を工業的な規模で分離する際には，まず蒸留の可能性が検討される．蒸留が不得手とする混合物は，加熱により変性するもの，不揮発なもの，共沸点をもち装置費が大きくなるようなものであるが，そうでない場合には蒸留で分離できる．

蒸留装置としての蒸留塔は，まさに多段分離のお手本である．蒸気と液という異なる相の流体が向流で安定に流れ，下段から上段にわたって効果的な熱移動が行われる．分離操作の設計に必要なデータは気液平衡で，多くの物質に対する実測値のライブラリーが豊富である．

ただし，混合物の加熱が必須であることから，エネルギー消費量は他の分離法に比べると大きくなってしまうという難点がある．だからこそ新たな低エネルギー分離技術が盛んに生み出されており，蒸留は分離技術の要ともいえる．

大規模工場の蒸留塔

7 ガス吸収

気体と液体を接触させ，気体中に含まれる成分，例えば空気中の酸素や排ガス中の二酸化炭素を液体に溶解させる操作は**ガス吸収**（gas absorption）と呼ばれ，鮮魚の輸送，環境対策や化学品製造で幅広く使われている．ガス吸収には，ガス成分が液に溶け込む際に成分と反応しない物理吸収と，吸収容量や吸収速度を高めるために液中でガスを反応させる化学吸収（反応吸収）があるが，本書ではより基本的な物理吸収を扱い，溶解平衡と吸収速度の基礎を学んだ後，二重境膜説に基づく，化学装置としての充填塔の設計法を解説する．

7.1 ヘンリーの法則

温度一定でガスを液体に溶解させると，液中のガス濃度はガスの分圧に応じて変化し，やがて溶解平衡に達する．このときのガス濃度を**溶解度**（solubility）と呼ぶ．空気中の酸素など，ガス混合物中の特定成分の溶解度はガスの全圧には無関係で，成分の圧（分圧）だけで定まることに注意すべきである[*]．多くのガスは液への溶解度が比較的小さく難溶性で，これらのガスの溶解度は分圧 p に比例する．易溶性ガスでも分圧が小さい場合には比例関係で表され，

$$p = HC \tag{7.1}$$

が成立する．これを**ヘンリーの法則**（Henry's law）といい，$H\,[\mathrm{Pa\,m^3\,mol^{-1}}]$ を**ヘンリー定数**（Henry constant）と呼ぶ．C は液中ガス濃度 $[\mathrm{mol\,m^{-3}}]$ である．液相，気相の濃度をモル分率 x, y で表すと，次のように書くこともできる．

$$p = Kx, \quad y = mx \tag{7.2}$$

ここで $K\,[\mathrm{Pa}]$ や $m\,[-]$ もヘンリー定数と呼ばれ，次の関係がある．

$$H = \frac{K}{C_\mathrm{T}} = \frac{mP}{C_\mathrm{T}} \tag{7.3}$$

C_T は溶液の全モル濃度，P は全圧である．

【例題 7.1】 ヘンリー定数は濃度の表し方により三種類ある．空気中の酸素（O_2）の水への溶解平衡はヘンリーの法則に従い，溶解度は温度によって変わる．このとき 298 K でのヘンリー定数 $H = 8.02 \times 10^4\,\mathrm{Pa\,m^3\,mol^{-1}}$ で，273 K でのヘンリー定数 $K = 2.58 \times 10^9\,\mathrm{Pa}$ である．

1) 298 K で O_2 を 21 % 含む，全圧 101.3 kPa の空気と平衡な水中の酸素濃度 $[\mathrm{kmol\,m^{-3}}]$ を求めよ．

[*] ガスが純成分のときには全圧は分圧と等しい．例えば，大気圧下にある純 O_2 ガスは全圧が 101.3 kPa で，分圧もこの値である．

ヘンリー定数

298 K における水に対するガスのヘンリー定数 H の値をいくつか下記に示す．ヘンリー定数の値が大きいほど，ガスの溶解度は小さい．また，ガスの溶解度は温度が高くなると小さくなる．高温になるとガス分子の運動が激しくなり，溶液から飛び出しやすくなるためである．

H_2　$1.29 \times 10^5\,\mathrm{Pa\,m^3\,mol^{-1}}$
N_2　$1.58 \times 10^5\,\mathrm{Pa\,m^3\,mol^{-1}}$
O_2　$0.802 \times 10^5\,\mathrm{Pa\,m^3\,mol^{-1}}$
CO_2　$0.0300 \times 10^5\,\mathrm{Pa\,m^3\,mol^{-1}}$

溶液の全モル濃度

全モル濃度とは，溶媒と溶質を合わせたモル数で表した濃度のことである．ガス吸収で扱うガスの多くは難溶性であるため，溶質モル数は溶媒モル数と比べて無視できるほど小さく，溶媒モル濃度で近似できる．溶媒が水の場合の全モル濃度の値は例題 7.1 に示されている．

2) 273 K で 1) と同じ酸素濃度の空気が水と平衡にあるとき，水中のO_2 濃度はいくらか．

【解】1) 空気中の酸素分圧は，

$$(1.013 \times 10^5)(0.21) = 2.13 \times 10^4 \, \text{Pa}$$

水中の酸素溶解度はヘンリーの法則より，

$$C = \frac{p}{H} = \frac{2.13 \times 10^4}{8.02 \times 10^4} = 0.266 \, \text{mol m}^{-3}$$

2) ヘンリー定数 $H = K/C_T$ より，273 K での H を求める．水の全モル濃度 C_T は水の密度 r と分子量 M から，

$$C_T = \frac{\rho}{M} = \frac{1000}{18.02} = 55.49 \, \text{kmol m}^{-3} = 55.49 \times 10^3 \, \text{mol m}^{-3}$$

273 K での $H = \dfrac{2.58 \times 10^9}{55.49 \times 10^3} = 4.65 \times 10^4 \, \text{mol m}^{-3}$

これより $C = \dfrac{p}{H} = \dfrac{2.13 \times 10^4}{4.65 \times 10^4} = 0.46 \, \text{mol m}^{-3}$ ■

三つのヘンリー定数の間の関係

ヘンリー定数は濃度の表し方により，H, K, m と三種類があるため間違えやすい．これらには以下の相互関係がある．

$$H = \frac{K}{C_T},$$

$$m = \frac{K}{P} = \frac{HC_T}{P}$$

7.2 吸収速度

液体に溶解するガス成分 A を含む気体が液体と接触すると，直後から A は気体中を移動して液体に溶解し，さらに液中を移動してやがて平衡に達し，見かけ上移動が止まる．このとき成分 A の吸収速度は A の気相中と液相中の移動速度で決まる．

このときの A の移動は拡散によって生じる．拡散は気相または液相中で物質の濃度が不均一であれば起こり，物質は濃度の高いところから低いところへ移動して濃度が均一になるまで起こる．拡散はランダムな分子運動に基づくので，A はいずれの方向にも移動する．ここで A の移動を z 方向のみで考える場合，その移動速度を**流束**（flux）（単位時間，断面積あたりの移動量；2.1 節参照）で表す．A の流束は A の濃度勾配の負の値に比例し，次式で表現される．

$$\text{流束} = -D_A \frac{dC_A}{dz} \tag{7.4}$$

この式はフィック（Fick）の法則として知られ，比例定数 D_A は拡散係数である．式（7.4）を用いて気相中を移動する A の流束を求めよう．理想気体であれば A の気体中濃度は $p_A/(RT)$ となり，A が z 方向に位置 1 から 2 に定常状態で拡散しているとき，境界条件 $z = z_1$ で $p_A = p_{A1}$，$z = z_2$ で $p_A = p_{A2}$ まで式（7.4）を積分すれば，物質移動流束 N_A（2.1.2 項）は

$$N_A = \frac{D_{AG}}{RT(z_2 - z_1)}(p_{A2} - p_{A1}) \tag{7.5}*$$

流束は濃度勾配の負の値に比例する

z を濃度の低い方向に向けてとると，濃度勾配は負となる．流束は正の値であるため，濃度勾配に負の符号をつけて表す．

理想気体の取扱い

工学では常温常圧の気体を理想気体と近似して扱うことが多い．この場合 $p_A V = nRT$ が成立し，物質 A の気相中の濃度は n/V であるので，$p_A/(RT)$ と等しくなる．

ただしこの気相中の物質 A の濃度の表現を，次節で述べる二重境膜説での「仮想的な気相濃度」を求めるために用いるのは誤りである．

* 式（7.5）の D_{AG} はガス中の A の拡散係数を示す．

第7章 ガス吸収

と表される．同様に液相中でAが位置1から2へ定常状態で拡散するとき

$$N_A = \frac{D_{AL}}{z_2 - z_1}(C_{A1} - C_{A2}) \qquad (7.6)^*$$

* 式(7.6)のD_{AL}は液中のAの拡散係数を示す．

と書ける．こうすると流束は，分圧差$p_{A1} - p_{A2}$や濃度差$C_{A1} - C_{A2}$を物質移動の**推進力**(driving force)として，これに速度定数を乗じたものと見ることができる．この速度定数を**物質移動係数**(mass-transfer coefficient) k_G, k_Lと呼び，次式で定義する．

$$N_A = k_G(p_{A2} - p_{A1}) = k_L(C_{A1} - C_{A2}) \qquad (7.7)$$

ここで，$k_G = \dfrac{D_{AG}}{RT(z_2 - z_1)}$, $k_L = \dfrac{D_{AL}}{z_2 - z_1}$である．

物質移動係数は物性値ではない
　物質移動係数は，流れの状態（流速）により変化し，密度や粘度のように温度と圧力が決まると定まる値ではない．

7.3 二重境膜説

気液界面(interface)は，ガス吸収での二相の境界であるとともに，界面の両側で気体と液体が混ざりにくいため，界面近くでの物質移動速度の大きさが，ガスの吸収速度を決める．

吸収速度を式で表現するには，複雑な状況を簡略化したモデルが役立ち，気液界面の両側に静かな流体の層，境膜があると考える**二重境膜説**(double film theory)が提案されている．この説は，気相と液相のそれぞれを境膜と本体の二つの領域に分け，界面から離れた両相の本体では十分に乱れが強いので濃度は一定値と見なし，境膜内では物質が分子拡散で移動すると仮定する．また，気液界面ではガスの溶解が迅速で，常に溶解平衡が成立していると仮定する．こう考えると，界面を横切る吸収過程では二つの境膜内での物質移動，拡散が遅いため，濃度は境膜内でのみ変化することとなる．

あるガス中の成分Aが，定常状態で液へ吸収される場合の濃度分布を**図7.1**に示す．Aの濃度は気相では分圧で，液相ではモル濃度で表され，界面で二つの濃度が平衡関係にある．定常状態であるため物質移動速度あるいは物質移動流束N_Aは気相でも液相でも等しく，気液各相の境膜物質移動係数k_G [mol m^{-2} s^{-1} Pa^{-1}]，k_L [m s^{-1}]を用いて，

$$N_A = k_G(p_A - p_{Ai}) = k_L(C_{Ai} - C_A) \qquad (7.8)$$

と書かれる．

界面でのガス分圧や濃度（p_{Ai}とC_{Ai}）は実測が困難なため，容易に実測できる本体での分圧や濃度のp_AとC_Aを使って流束を表したい．そこで，分圧分布や濃度分布が界面を通して連続となるように，液本体での分圧p_A^*およびガス本体での濃度C_A^*を仮想する．すると，図7.1

化学工学はモデル化が得意
　現実には「濃度は境膜内でのみ変化する」とは言えないが，このように考えても，物質が移動する現象の本質は失われない．本質を失わない程度に簡略化する考え方をモデル化と呼び，化学工学でよく使われる．

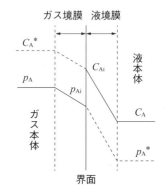

図7.1 二重境膜説に基づく気液界面近傍の成分Aの濃度分布

ガス境膜と液境膜で濃度分布の傾きが異なるのはなぜか
　k_Gとk_Lの値は多くの場合$k_G > k_L$である．これはガス中の物質拡散係数が液中よりも大きいことによる．式(7.8)から，気相でも液相でも流束が等しいため，$C_{Ai} - C_A > p_A - p_{Ai}$となる．

の破線で示すような分布となり，移動速度式は次式のように書ける．

$$N_A = K_G(p_A - p_A^*) = K_L(C_A^* - C_A) \tag{7.9}$$

*は仮想の値であることを表し，p_A^*は液本体濃度C_Aと平衡にある仮想気体中のAの分圧で，C_A^*はp_Aと平衡にある仮想液本体での濃度である．平衡関係がヘンリーの法則で表される場合，式(7.1)より$p_A^* = HC_A$，$C_A^* = p_A/H$と表される．

K_G, K_Lは**総括物質移動係数**（overall mass-transfer coefficient）と呼ばれ，K_Gは各境膜物質移動係数を用いて次式のように表される．

$$\frac{1}{K_G} = \frac{1}{k_G} + \frac{H}{k_L} \tag{7.10}$$

物質移動係数の逆数は物質移動抵抗と呼ばれ，式(7.10)は気相抵抗と液相抵抗の和が総括物質移動抵抗になることを示している．多くのガスは液に難溶性でHの値が大きく，またガスの拡散係数は気相中に比べて液相中で4桁小さいため，ガス吸収では多くの場合，液相の物質移動抵抗が支配的になる．

添字iは界面を表す

多くの場合，添字には意味があり，iは界面（interface）を表す．p_{Ai}とC_{Ai}はそれぞれ界面でのガス分圧とガスの液中濃度の意味である．

物質移動抵抗

物質移動係数の逆数を物質移動抵抗とする考え方は，伝熱における伝熱抵抗（3.2.3項では熱伝導抵抗）の逆数を伝熱係数とする考え方と同じである．このように，物質と熱の移動現象には共通点が多いので，関連づけて理解することが大切である．

7.4 充填塔の物質収支と操作線

ガス吸収装置に求められる性能は，吸収速度が大きいことと，安定に操作できる流量範囲が広いことである．吸収速度は，物質移動係数，推進力，界面積を大きくすると増大する*．最も代表的な装置は図7.2に示す**充填塔**（packed column）であり，内部には固体の**充填物**（packing）が詰められる．塔頂から流れる吸収液は充填物の表面を濡ら

* ここでの吸収速度は単位がmol s^{-1}すなわち単位時間あたりに吸収される物質量である．

充填物

充填物はガスと液が接触する場を提供することを目的としているので，比表面積の大きな形状のものが望ましい（**図7.2右**）．また，すき間をガスが流れる際の圧力損失を小さくするため，ある程度の空間率を必要とする．充填物の種類や詰め方は塔の性能（HTUの値；7.5節参照）を大きく左右するため，非常に重要である．

偏流（チャネリング）

液は充填塔の塔頂から液分散器で均一に供給される．しかし，流下していく間に一般に塔壁側に流れが偏り，不均一になる．これを偏流（channeling）という．偏流は気液接触面積を著しく低下させるので，これを解消するため塔の途中に液再分散器が配置されている．

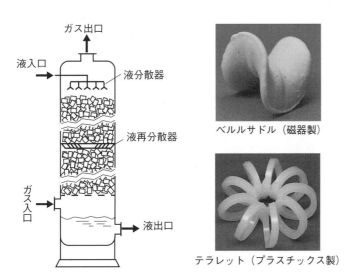

図7.2 充填塔（左）と充填物（右）

第7章 ガス吸収

して膜状に流れるので界面積が大きくなり，塔底から流れるガスが充填物のすき間を上昇する間に気液が接触する．すき間が十分にあればガス流量を容易に大きくできる．このように，装置内部でガスと液を対向して流す操作を**向流**（countercurrent）操作という．これに対して，ガスと液を同じ方向で流すのを**並流**（cocurrent）操作と呼ぶ．向流操作では，並流操作に比べて装置内部での平均推進力が大きいが，ガスと液を安定に流動させるための流量範囲が限られる．一方，並流ではどんな流量でも安定に操作できるが，平均推進力は向流より小さくなる．

充填塔の設計では条件として，原料ガスの組成と流量，塔出口でのガス組成および吸収液の入口組成が与えられ，これらを満たす吸収液量，塔高および塔径を決定する．ガス，液の流量として，体積流量を充填物を無視した空の塔の断面積で割った値である**空塔速度**（superficial velocity）$G\,[\text{mol}\,\text{m}^{-2}\,\text{s}^{-1}]$，$L\,[\text{mol}\,\text{m}^{-2}\,\text{s}^{-1}]$ を用いて，図7.3の破線の囲みで物質収支をとると，

$$Gy + L_2 x_2 = G_2 y_2 + Lx \tag{7.11}$$

となる．ところが多くの場合，塔内で吸収が進むにつれて G, L の値が変化するので，このままでは設計に使いにくい．吸収される成分を除いたガス，液流速として不活性成分の流速（inert 流速）を用いると，塔内で変化しないため便利である．

それぞれ G_i, L_i で表せば，$G = G_\text{i}/(1-y)$，$G_2 = G_\text{i}/(1-y_2)$，$L = L_\text{i}/(1-x)$，$L_2 = L_\text{i}/(1-x_2)$ となり，式 (7.11) の物質収支式を整理して次式を得る．

$$G_\text{i}\left(\frac{y}{1-y} - \frac{y_2}{1-y_2}\right) = L_\text{i}\left(\frac{x}{1-x} - \frac{x_2}{1-x_2}\right) \tag{7.12}$$

これは操作線の式と呼ばれ，塔内の任意の高さでの組成 x と y の関係を与える．x-y 線図上では曲線となるが，不活性成分基準の組成，$X\,(=x/(1-x))$，$Y\,(=y/(1-y))$ を用いると次式を得る．

$$G_\text{i}(Y - Y_2) = L_\text{i}(X - X_2) \tag{7.13}$$

x-y 線図を描くと式 (7.13) は，点 (X_2, Y_2) を通り傾き L_i/G_i の直線となる．液流量が小さくなると傾きが小さくなり，やがて出口液組成 X_1 が平衡線に達する．この時点ではガス本体と液本体濃度が平衡になり，これ以上吸収が進まなくなる．このときの液流量を最小液流量と呼び，これより大きい液流量で操作される．

【**例題7.2**】硫化鉄（FeS）を焙焼（ばいしょう）して得られる，SO_2 10.0 mol%を含む空気 2.01 mol s^{-1} を充填塔で水と接触させ，出口ガス中の SO_2 を 1.00 mol% まで吸収除去したい．この場合の最小液流量はいくらか．ただし，充填

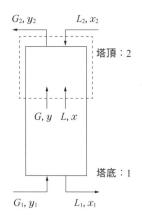

図 7.3 吸収塔における操作の概念

記号 x, y, G, L の意味
　x, y はそれぞれ液相，気相の吸収ガスのモル分率を表す．G は気相の gas，L は液相の liquid に由来しており，空塔速度の意味をもつ．

G, L と G_i, L_i の違い
　ここでの添字 i は不活性成分（inert component）であることを表す．例えば空気中の酸素を吸収する場合，窒素が不活性成分となる．G, L は空気の空塔速度，G_i, L_i は窒素の空塔速度である．x, y はそれぞれ液相，気相での酸素のモル分率を表す．X, Y は不活性成分である窒素を基準として表した酸素のモル分率である．

焙焼（ばいしょう）
　焙焼とは，硫化鉱等の鉱石を空気存在下で高温に加熱する処理工程である．

表 7.1　SO₂の水に対する溶解平衡

$x \times 10^3$	0.141	0.228	0.422	0.562	0.843	1.40	1.96	2.80
$y \times 10^2$	0.224	0.618	1.07	1.55	2.59	4.74	6.84	10.4
$X \times 10^3$	0.141	0.218	0.422	0.562	0.843	1.40	1.96	2.81
$Y \times 10^2$	0.225	0.622	1.08	1.57	2.66	4.98	7.34	11.6

塔の操作温度は 303 K，圧力は 101.3 kPa，吸収される成分は SO₂ のみとする．この温度における SO₂ の水に対する溶解平衡は**表 7.1** で与えられる．

【解】 入口ガス中に含まれる SO₂ 量は $(2.01)(0.100) = 0.201 \text{ mol s}^{-1}$．塔断面積を S とすると，不活性成分のガス流量 $G_\text{i} S$ は $2.011 - 0.201 = 1.81$ mol s^{-1}．平衡関係より，不活性成分基準の平衡組成 X, Y を求め，**図 7.4** 中に平衡曲線を描く．塔底では $y_1 = 0.100$，$Y_1 = 0.111$ で，これに平衡な液組成 X_1^* は 0.00264 と求まる．塔頂では液相濃度 $x_2 = 0$，$X_2 = 0$，気相濃度 $y_2 = 0.0100$，$Y_2 = 0.0101$ で，式 (7.13) により操作線の傾きが L_i/G_i となるので，

$$L_\text{i} S = \frac{Y_1 - Y_2}{X_1 - X_2} G_\text{i} S = \frac{0.111 - 0.0101}{0.00264 - 0} \times 1.81 = 69.2 \text{ mol s}^{-1}$$

最小液流量は $L_\text{i} S (18)(3600)/(10^3) = 4484 \text{ kg h}^{-1}$ となる．　■

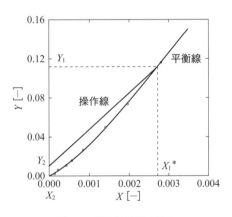

図 7.4　最小液流量の決定

7.5　塔高の決定

充填塔による吸収操作では，気液の接触時間によって吸収量が決まるため，装置設計のうえで塔高が重要になる．そこで気相における吸収成分の収支を考える．簡単化のために，吸収される成分が希薄で，吸収に伴うガス，液の流量変化を無視し，各空塔速度 G, L の値を一定とする．**図 7.5** に示すように吸収塔の微小高さ dz を気液が通る間に各

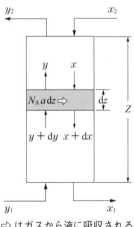

⇨ はガスから液に吸収される物質移動を表す

図 7.5　吸収速度の概念

第 7 章　ガス吸収

相組成が dx, dy だけ変化する場合，次式が成り立つ.

$$SG(y + dy) = SGy + N_A a S dz$$

$$G dy = N_A a dz \tag{7.14}$$

ここで，S は塔断面積 $[m^2]$，a は塔の単位体積あたりの気液界面積 $[m^2\,m^{-3}]$，N_A は物質移動流束あるいは物質移動速度 $[mol\,m^{-2}\text{-}$気液界面積 $s^{-1}]$ である.

物質移動流束あるいは物質移動速度は，式 (7.8)，(7.9) の代わりに濃度をモル分率で表した場合，物質移動係数と推進力の組み合わせに応じて，以下の四つの形で書かれる.

$$N_A = k_y(y - y_i) \tag{7.15}$$

$$= k_x(x_i - x) \tag{7.16}$$

$$= K_y(y - y^*) \tag{7.17}$$

$$= K_x(x^* - x) \tag{7.18}$$

式 (7.14) に式 (7.17) を代入すれば，

$$G dy = K_y a (y - y^*) dz \tag{7.19}$$

となり，充填高さ Z を表す式は，塔頂から塔底の間 $(z = 0 \sim Z)$，$y = y_2 \sim y_1$ で式 (7.19) を積分して得られる.

$$Z = \frac{G}{K_y a} \int_{y_2}^{y_1} \frac{dy}{y - y^*} \tag{7.20}$$

式中の積分項は**移動単位数** (number of transfer unit；NTU) と呼ばれ，この値が大きいほど分離が困難であることを示している. この移動単位数には，式 (7.15) 〜 (7.18) に対応して四つの形の表現がある.

$$\left. \begin{array}{ll} N_G = \displaystyle\int_{y_2}^{y_1} \frac{dy}{y - y_i}, & N_L = \displaystyle\int_{x_2}^{x_1} \frac{dx}{x_i - x}, \\[3mm] N_{OG} = \displaystyle\int_{y_2}^{y_1} \frac{dy}{y - y^*}, & N_{OL} = \displaystyle\int_{x_2}^{x_1} \frac{dx}{x^* - x} \end{array} \right\} \tag{7.21}$$

式 (7.20) 中の $(G/K_y a)$ の項は，移動単位数が 1 の場合の塔高で，**移動単位高さ** (height per transfer unit；HTU) と呼ばれ，推進力の表現に応じて四つの形で表される.

$$H_G = \frac{G}{k_y a}, \quad H_L = \frac{G}{k_x a}, \quad H_{OG} = \frac{G}{K_y a}, \quad H_{OG} = \frac{G}{k_y a} \tag{7.22}$$

なお，$k_y a$，$K_y a$ など，物質移動係数と気液界面積の積を物質移動容量係数と呼ぶ. 塔の性能は HTU が小さいほど優れている. これらの HTU の間には，物質移動抵抗の加成性から次の関係がある.

$$H_{OG} = H_G + \left(\frac{m G_M}{L_M} \right) H_L, \quad H_{OL} = H_L + \left(\frac{L_M}{m G_M} \right) H_G \tag{7.23}$$

ここで，m は式 (7.2) で示されるヘンリー定数である.

モル分率基準の物質移動係数

濃度をモル分率で表した物質移動係数 k_y, k_x は，式 (7.8)，(7.9) から明らかなように，$k_y = P k_G$，$k_x = C_T k_L$ と表せる. また，式 (7.10) と同じような物質移動抵抗の考え方が成り立ち，$1/K_y = 1/k_y + m/k_x$ となる.

物質移動係数の小文字と大文字の違いに注意

式 (7.15)，(7.16) では物質移動係数が k で，式 (7.17)，(7.18) では K である. K は総括物質移動係数で，式 (7.10) で定義され，液相とガス相での物質の移動しやすさを一まとめにして表す値である. 総括は overall であり，式 (7.21) の添字の "O" は物質移動の推進力が総括の値であることを意味している.

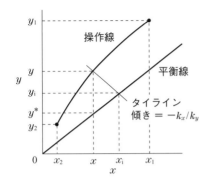

図 7.6 充填塔の操作線と平衡線

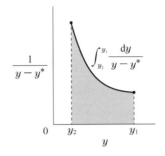

図 7.7 N_{OG} の図積分

移動単位数を求めるには，図 7.6 に示す x-y 線図を用いる．N_{OG} を例にとると，図のように任意の x に対して y と y^* を読み取り，$1/(y-y^*)$ を求めて y_1 から y_2 の間で図 7.7 に示すように積分を行う．N_G，N_L を求めるには界面での組成 x_i，y_i が必要となる．式 (7.15)，(7.16) から，操作線上の点 (x, y) と平衡線上の点 (x_i, y_i) を結ぶ直線の傾きは $-k_x/k_y$ になることがわかる．この直線（タイライン）を任意の点 (x, y) から引くことで界面での組成を求められる．平衡線と操作線が直線と見なせる吸収ガスが希薄な場合については，式 (7.21) の積分は解析的に行われ，移動単位数の例として N_{OG} は

$$N_{OG} = \frac{y_1 - y_2}{(y - y^*)_{lm}} \quad (7.24)$$

で求められる．ここで，$(y - y^*)_{lm}$ は，

$$(y - y^*)_{lm} = \frac{(y_1 - y_1^*) - (y_1 - y_1^*)}{\ln\{(y_1 - y_1^*)/(y_2 - y_2^*)\}} \quad (7.25)$$

で与えられる，塔内の**対数平均** (logarithmic mean) の推進力である．

NTU と HTU が求まれば，式 (7.20) で示されるように，充填高さ Z はこれらの積で求められる．

塔径については許容ガス速度を用いて決定される．塔内でガスと液が向流で接触する場合，ガス流量が大きくなると液が流下しなくなる．この状態をフラッディング (flooding) と呼び，このときのガス速度の半分を許容ガス速度とする．設計条件として与えられる体積流量を許容ガス速度で割ることで塔の断面積が得られ，これより塔径が定まる．

操作線と平衡線

塔内の任意の位置で気液界面近傍の濃度分布は図 7.1 のようになっている．その位置の液本体濃度 x とガス本体濃度 y は操作線の式の関係が成り立つので，点 (x, y) は操作線上にある．界面濃度は平衡関係にあるので，点 (x_i, y_i) は平衡線上にある．このように，操作線と平衡線が何を表しているか把握して図を理解することが重要である．

添字 lm は対数平均

化学工学では平均を表す場合，対数平均をよく用いる．添字 lm は英語の logarithmic mean に由来する．

第7章　ガス吸収

演習問題

7.1　空気中の酸素の組成を 21 vol% とするとき，293 K，101.3 kPa の空気と接触する水中の酸素濃度は 0.291 mol m^{-3} であった．293 K における水に対する酸素のヘンリー定数 H, K, m の値を求めよ．ただし，293 K における水の密度は 997 kg m^{-3} とする．

7.2　二酸化炭素（CO_2）の水への溶解平衡はヘンリーの法則に従う．300 K で CO_2 を 10.0 % 含む，全圧 101.3 kPa のガスと平衡な水中の CO_2 濃度 [kmol m^{-3}] を求めよ．このとき水の密度は 997.0 kg m^{-3} である．$p = Kx$（p [MPa]，x [モル分率]）で表されるヘンリー定数 K は以下の式で求められ，$T_0 = 298.15$ K で，CO_2 に対する各定数は $K_0 = 165.8$ MPa，$A = 29.319$，$B = -21.669$，$C = 0.3287$ である．

$$\ln\left(\frac{K}{K_0}\right) = A\left(1 - \frac{T_0}{T}\right) + B\ln\left(\frac{T}{T_0}\right) + C\left(\frac{T}{T_0} - 1\right)$$

7.3　ある向流吸収充填塔に，塔底から 20.0 mol% のアンモニアを含む排ガス 800 $m^3\,h^{-1}$ を供給し，塔頂からの水 600 kg h^{-1} によってアンモニアを除去している．出口ガス中のアンモニアが 1.00 mol% になったとき，出口の水に含まれるアンモニアのモル分率を求めよ．ただし，塔内は 101.3 kPa，300 K に保たれているとする．

7.4　ある向流吸収充填塔に，4.0 mol% のアセトンを含む排ガス 240 mol $m^{-2}\,s^{-1}$ を供給し，塔頂からの水によってアセトンを除去している．出口ガス中のアセトンを 0.20 mol%，出口液中のアセトンを 0.80 mol% にしたいとき，必要な塔高を求めよ．ただしガス側および液側境膜物質移動容量係数がそれぞれ $k_y a = 275$ mol $m^{-3}\,s^{-1}$，$k_x a = 1760$ mol $m^{-3}\,s^{-1}$ とする．また，平衡関係は $y = 2.5x$ で表され，希薄系として取り扱ってよいとする．

Column

カーボンニュートラルとガス吸収

　国際連合環境計画と世界気象機関が設立した「気候変動に関する政府間パネル」(Intergovernmental Panel on Climate Change；IPCC) は，温暖化の要因は二酸化炭素（CO_2）をはじめとする温室効果ガスの人為的な排出の可能性がきわめて高く，気候変動の緩和のために低炭素エネルギーの供給比率を増加させる必要がある，と提言している．課題にいち早く対応する技術として CO_2 回収・貯留 (carbon dioxide capture and storage；CCS) がある．CCS とは，火力発電所や化学プラントなどの大量排出源で CO_2 を回収し，廃坑や地下の帯水層などに封入したりして隔離・貯留する技術である．産

業規模での排出源からの CO_2 回収にはアミン水溶液を吸収液とするガス吸収が用いられている．この方法は CO_2 回収と吸収液の再生のために加熱が必要で，コスト面に課題がある．そのため，新規吸収剤の開発やプロセスの改良が進められている．ガス吸収技術は脱炭素化に大きな貢献をしている．

　大気中の温室効果ガスの排出量を森林や潰瘍による吸収量と均衡させるカーボンニュートラルの実現には，CCS に留まらず，CO_2 を原料とする燃料化や化学品利用 (carbon dioxide capture and utilization；CCU) を強く推進することが鍵となる．

8 流体からの粒子分離

化学工業では粒子を扱う操作が非常に多い.粒子には結晶,粉薬や煙に含まれる煤のような固体や,雨粒や霧のような液体もある.液体粒子は球形であるが,固体粒子は多様な形をしており,表面や内部に細孔をもつものもある.化学反応に粒子が関わるとき,例えば粒子状触媒を用いるときには粒子の性質により反応の速度が変わる.そのため,粒子の特徴は複数の方法で表される.これらの方法を学んで粒子の性質を理解し,反応や分離操作に役立てたい.酵母などの菌も粒子であり,ワインや清酒では製造工程の最終段階で菌をろ過して分離することで製品がつくられている.このように液体や空気中に粒子が分散している混合物から粒子と流体を分離する方法は,化学プロセスで広く用いられている.

8.1 粒子の大きさと粒子径分布

8.1.1 粒子の大きさ —代表粒子径—

粒子*を表す最も基本的な性質は大きさで,**粒子径**(particle diameter)と呼ばれる.もし粒子の形が球なら,粒子の直径が粒子径である.多くの固体粒子は球形とは異なり板状や棒状のものもあり,表面に凹凸をもつことは,砂粒の例からも容易に想像できる.そこで,球形でない粒子の大きさを決めるいくつかの方法があり,選択した方法で表された粒子径を**代表粒子径**(characteristic diameter)と呼ぶ.以下によく用いられる二つの方法を述べる.

① 定方向径

図 8.1 のように,粒子を一定の方向で描かれた 2 本の平行線で挟むとき,2 線間の距離を**フェレー径**(Feret's diameter;x_F)という.複数粒子の径を測る場合,粒子ごとに平行線の向きを変えてはいけない.

* 粒子は,医薬品の結晶,マイクロプラスチック,赤血球,研磨剤,PM2.5 などの生活に関わるものから,測定が困難なナノ粒子やファインバブル(本章コラム参照)などの非常に微細な径の粒まで,さまざまなものがある.

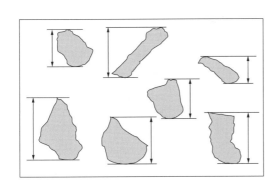

図 8.1 フェレー径(定方向径)

② 相当径

不定形の粒子を，仮に球形として置き換えたときの球の直径を**球相当径**と呼ぶ．対象粒子と同じ体積をもつ球の直径にあたる**体積球相当径** x_V，同じ表面積をもつ球の直径にあたる**表面積球相当径** x_S，同じ比表面積（単位粒子体積あたりの表面積）をもつ球の直径にあたる**比表面積球相当径**（もしくは**比表面積径**）$x_{S/V}$ がある．

対象粒子の体積を V，表面積を S とすれば，直径 x の球の体積が $\pi x^3/6$，表面積が πx^2 であることを利用すると，各相当径は次式で与えられる．

$$x_V = \sqrt[3]{\frac{6V}{\pi}} \quad (8.1) \qquad x_S = \sqrt{\frac{S}{\pi}} \quad (8.2) \qquad x_{S/V} = \frac{6V}{S} \quad (8.3)$$

顕微鏡写真などの粒子の映像を円に置き換える方法もあり，**円相当径**と呼ばれる．粒子の面積と同じ面積をもつ円の直径で表す**面積円相当径** x_A や，粒子の周長と同じ周長をもつ円の直径で表す**周長円相当径** x_L などがそれにあたる．対象粒子の投影面積を A，投影周長を L とすると，直径 x の円の面積は $\pi x^2/4$，周長は πx なので，各相当径は次式で与えられる．

$$x_A = \sqrt{\frac{4A}{\pi}} \quad (8.4) \qquad x_L = \frac{L}{\pi} \quad (8.5)$$

【例題 8.1】ある大腸菌の形を円柱（長さ 3 μm，断面の直径 0.6 μm）であると近似した場合に，$x_V, x_S, x_{S/V}, x_A, x_L$ を求めて比較せよ．

【解】

$$x_V = \sqrt[3]{\frac{6}{\pi} \times 3 \times 0.3^2 \pi} = 1.17 \text{ μm}$$

$$x_S = \sqrt{\frac{1}{\pi}\{(3 \times 0.6\pi) + (2 \times 0.3^2 \pi)\}} = 1.41 \text{ μm}$$

$$x_{S/V} = 6 \times \frac{3 \times 0.3^2 \pi}{(3 \times 0.6\pi) + (2 \times 0.3^2 \pi)} = 0.82 \text{ μm}$$

$$x_A = \sqrt{\frac{6}{\pi} \times 3 \times 0.6} = 1.51 \text{ μm}$$

$$x_L = \frac{2(3 + 0.6)}{\pi} = 2.29 \text{ μm}$$

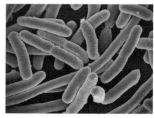

大腸菌の形状（Wikipedia より）

大きさの順番は，$x_{S/V} < x_V < x_S < x_A < x_L$ である．また，$x_{S/V}$ と x_L では 2.8 倍の大きな差があるため，径の値は径の決定法と合わせて示すべきである．■

8.1.2 粒子径分布と平均粒子径

粒子を扱う場合には，異なる径の粒子が多数含まれている粒子群が対象となる．粒子群の性質は粒子径のばらつきかたによって大きく変わるので，粒子径の分布によって粒子群を特徴づける．粒子径分布とは，ある狭い幅の径の粒子が粒子群全体に対してどれだけの割合で存在しているのかを表す分布で，その形は粒子群のふるまいと密接に関わる．

ある狭い幅の径の粒子の存在割合が特に大きい場合，分布の形は一つの幅の狭い部分が突出した山型となり**単分散**（mono dispersion）と呼ばれ，存在割合が大きい粒子径が複数ある場合には，分布の形に複数の山型が現れる**多分散**（polydispersion）と呼ばれる．

① **顕微鏡観察などの画像による方法**

粒子の重なりができるだけ少なくなるように写された画像から所定個数の粒子径を測定する．フェレー径や面積円相当径がよく用いられる．

② **ふるい分けによる方法**

目の大きさ（目開き）の異なるふるいを複数用意し，目の大きなふるいから順に測定粒子を通し，各ふるいの上に残った粒子の質量を測定する．

粒子径分布は横軸に径をとった図で表され，積算分布と頻度分布の二通りの表現がある．**積算分布**（cumulative size distribution）は**図 8.2 a**のように，粒子径 x より小さい粒子の総量が粒子全量に占める割合 $Q(x)$ が粒子径 x に対して描かれたもので，$Q(x)$ は最小径から最大径までの間を 0 から 1 まで増加する＊．

頻度 $q(x)$ は，積算分布 $Q(x)$ の微分値として定義され，$q(x) = \mathrm{d}Q(x)/\mathrm{d}x$ で求められる．$q(x)$ の単位は粒子径の逆数となる．例えば x がマイクロメートルで表されるときは μm^{-1} となる．**頻度分布**（frequency distribution）は**図 8.2 b**のように，頻度を x に対してプロッ

単分散と多分散のイメージ

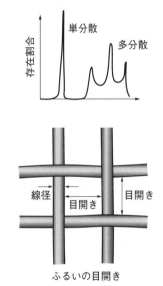

ふるいの目開き

＊ 積算分布の縦軸 $Q(x)$ は百分率 [%] で表されることも多い．

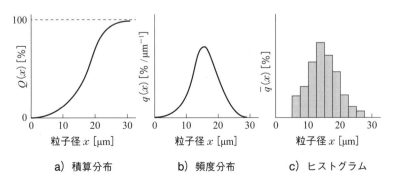

a) 積算分布　　b) 頻度分布　　c) ヒストグラム

図 8.2　粒子径分布の三つの表現

第8章　流体からの粒子分離

トしたもので，山型のグラフとなる．また，積算分布に基づいて次式で定義される $\bar{q}(x)$ の値を棒グラフで表したものを**ヒストグラム**（histogram）と呼び，**図8.2c**に示す．

$$\bar{q}(x_i) = \frac{\Delta Q(x_i)}{\Delta x_i} = \frac{Q(x_{i+1}) - Q(x_i)}{x_{i+1} - x_i} \qquad (8.6)^*$$

横軸の x は対数軸で表すこともできる．粒子径の幅が大きいときにしばしば対数軸が用いられる．この場合，$q(x), \bar{q}(x)$ は $q^*(x), \bar{q}^*(x)$ と表して区別する．このとき，頻度分布は $q^*(x) = \mathrm{d}Q(x)/\mathrm{d}(\log x)$，ヒストグラム（式（8.6））の分母を $\log x_{i+1} - \log x_i$ として計算しなければならない．したがって，$q(x), \bar{q}(x)$ の単位は $[\mu\mathrm{m}^{-1}]$ であるのに対し，$q^*(x), \bar{q}^*(x)$ は無次元 $[-]$ であることに注意すべきである．

ここで，頻度を求める際に粒子の存在割合の求め方に注意してほしい．粒子の存在割合を表す方法は二つあり，一つは個数基準，もう一つは質量基準である．基準の取り方により分布の形は大きく変わるので，頻度分布を示すときには頻度がどの基準によるか明示すべきである．例えば，1 μm と 10 μm の球形粒子が同数含まれる粒子群を考える．個数基準では両者の存在割合は0.5で等しいが，質量基準では10 μm 粒子の割合が 1 μm の 1000 倍大きな値となる．したがって，個数基準分布を質量基準分布に変換すると，分布の曲線は径が大きい側に大きくシフトする．

粒子径分布は分布の形だけでなく，分布を代表する径である平均粒子径の算出に役立つ．最もよく用いられる平均径は，以下に示す**メジアン径**（median diameter）と**モード径**（mode diameter）である*．

メジアン径（中位径，50％径）：積算分布 $Q(x) = 0.5$ となる径
モード径（最頻度径）：頻度分布 $q(x)$ が最大となる径

さらに，分布を構成するすべての粒子径から以下に示すさまざまな平均値を算出し，分布を代表する径として用いる．

個数平均径：$\dfrac{\displaystyle\sum_{i=1}^{N} x_i}{N}$ （8.7）　　長さ平均径：$\dfrac{\displaystyle\sum_{i=1}^{N} x_i^2}{\displaystyle\sum_{i=1}^{N} x_i}$ （8.8）

面積平均径：$\dfrac{\displaystyle\sum_{i=1}^{N} x_i^3}{\displaystyle\sum_{i=1}^{N} x_i^2}$ （8.9）　　体積平均径：$\dfrac{\displaystyle\sum_{i=1}^{N} x_i^4}{\displaystyle\sum_{i=1}^{N} x_i^3}$ （8.10）

各定義式は，測定された N 個の粒子について，個数 $j = 0$，長さ $j = 1$，面積 $j = 2$，体積 $j = 3$ として，x_i^j と x_i との積の総和を，x_i^j の総和で除すことを表している．

---

* 式（8.6）の添字 i は粒子径の区間の番号を表す．例えば100 gの粉を，目開きが6 μm ずつ小さくなるようなふるいを8段重ねてふるい分けを行うと，各段に所定の径区間の粒子が採取できる．この場合，i はふるいの番号で Δx_i は 16 μm，$\Delta Q(x_i)$ は i 番目のふるい上の粒子重量の割合となる．

$q(x), \bar{q}(x)$ と $q^*(x), \bar{q}^*(x)$ の単位について

$$q(x) = \frac{\mathrm{d}Q(x)}{\mathrm{d}x}$$

$$\bar{q}(x) = \frac{\Delta Q(x)}{\Delta x_i}$$

で，$Q(x)$ は割合なので無次元であり，x は径であるため長さ（μm）の単位をもつため，$q(x), \bar{q}(x)$ の単位は $[\mu\mathrm{m}^{-1}]$ である．

$q^*(x), \bar{q}^*(x)$ は分母が $\log x$ で，$\log x$ は無次元である．したがって，$q^*(x), \bar{q}^*(x)$ は無次元となる．

* 分布上でのメジアン径，モード径の表し方は，例題8.2の図8.3と図8.4（次ページ）を参照のこと．

【例題 8.2】 石灰石の粉 100 g を，最大の目開きが 200 μm で，順に目開きが小さくなる 5 個のふるいを重ねて段に積み上げてふるい分けして，各段のふるい上の粒子重量を測定したところ，表 8.1 に示す測定結果が得られた．この粒子の積算分布と頻度分布を表し，メジアン径とモード径を求めよ．

表 8.1 試料粒子径の測定値

粒子径区間 [μm]	0〜20	20〜40	40〜80	80〜120	120〜200
粒子重量 [g]	10	45	30	10	5

【解】 分布を描くため，まず各粒子径区間の中央値を求める．例えば $20 \sim 40\,\mu m$ では $(20 + 40)\,0.5 = 30\,\mu m$ となる．積算分布を得るため，各粒子径区間での $Q(x)$ を求める．例えば $20 \sim 40\,\mu m$ での $Q(x)$ は $(10 + 45)(100)/100$ で 55 %，$40 \sim 80\,\mu m$ での $Q(x)$ は $(10 + 45 + 30)(100)/100$ で 85 % と求まり，全ての粒子径区間の値を計算し，表 8.2 に結果をまとめる．

頻度 $q\,[\%\,\mu m^{-1}]$ は積算分布 $Q(x)$ の微分値で，粒子径区間を用いて求める．例えば $20 \sim 40\,\mu m$ では $\Delta x = (40 - 20)$ であるので，$(55 - 10)/(40 - 20) = 2.25$，$80 \sim 120\,\mu m$ では $(95 - 85)/(120 - 80) = 0.25$ となり，各粒子径区間で q を求める．

表 8.2 測定値に基づく粒子径分布の作製

粒子径区間 [μm]	粒子重量 [g]	区間の中央値 [μm]	$Q(x)$ [%]	$q(x)$ [% μm^{-1}]
0〜20	10	10	10	0.5
20〜40	45	30	55	2.25
40〜80	30	60	85	0.75
80〜120	10	100	95	0.25
120〜200	5	160	100	0.0625

積算分布は $Q(x)$ の値を区間の中央値に対してプロットしたもので，点を滑らかな曲線で結び $Q(x) = 50\,\%$ となる径がメジアン径である．頻度分布は $q(x)$ の値を区間の中央値に対してプロットしたもので，点を滑らかに結んだ曲線のピークとなる径がモード径である．

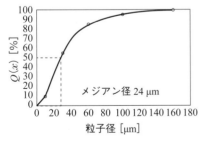
図 8.3 積算分布とメジアン径の決定

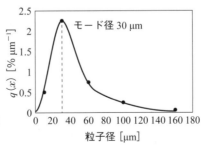
図 8.4 頻度分布とモード径の決定

■

8.2 流体中での単一粒子の挙動

粒子が液中に分散（懸濁）しているとき，粒子密度が液体密度より大きいと粒子は沈降して底に粒子濃縮液ができ，上部に清澄な液が現れる．この粒子沈降現象を利用した分離操作を**沈降分離**（sedimentation）と呼ぶ．粒子の沈降速度は粒子濃度により変化し，濃度が高くなると粒子間の干渉により低濃度に比べて速度が低下する*．ここでは，粒子の沈降速度を簡明に表すため，単一の粒子が液体中を沈降する場合*を考えて沈降速度の表し方を述べる．

図 8.5のように，直径 x [m]，密度 ρ_p [kg m^{-3}] の1個の球形粒子が*，密度 ρ [kg m^{-3}]，粘度 μ [Pa s] の液体中を速度 u [m s^{-1}] で重力にしたがって沈降する場合を考える．このとき，粒子には重力，浮力に加えて流体からの抵抗力 R [N] が作用している*．空気中を落下する雨粒では，この抵抗力は粒子に働く空気抵抗で，粒子表面に作用し落下速度が大きくなるにつれて大きくなる．この球形粒子に関する運動方程式は次式で表される．

$$\frac{\pi x^3}{6}\rho_p \frac{du}{dt} = \frac{\pi x^3}{6}\rho_p g - \frac{\pi x^3}{6}\rho g - R \tag{8.11}$$

ここで，t は時間 [s]，g は重力加速度 [m s^{-2}] である．左辺について，$\pi x^3/6$ が直径 x の球の体積で，粒子密度 ρ_p を掛けると球形粒子1個の質量になる．これに加速度 du/dt を掛けると（質量 × 加速度）となり1個の粒子に働く力を表す．右辺は，第1項が重力，第2項が浮力，第3項は抵抗力（粒子が流体から受ける抵抗力：抗力ともいう）の三つの力の合力を表す．抵抗力 R は重力とは逆向きで一般に次式で表される．

$$R = C_D \frac{\pi x^2}{4} \frac{\rho u^2}{2} \tag{8.12}$$

$\rho u^2/2$ は動圧 [Pa] で*，これに粒子の投影面積（断面積）$\pi x^2/4$ を掛けると力 [N] が得られる．この力に係数 C_D を掛けたものが R と等しくなる*．C_D は**抵抗係数**（drag coefficient）と呼ばれ，粒子まわりの流れの状態を表す**粒子レイノルズ数**（particle Reynolds number）Re_p と関係している．管内流動のレイノルズ数（4.1.3項参照）とは異なり，代表長さが粒子直径であることに注意してほしい．

$$\mathrm{Re}_p = \frac{x u \rho}{\mu} \tag{8.13}$$

Re_p は粒子まわりの流れの状態を表す無次元数で，$\mathrm{Re}_p < 2$ をストークス域，$2 < \mathrm{Re}_p < 500$ をアレン域，$\mathrm{Re}_p > 500$ をニュートン域と呼び，それぞれ層流域，遷移域，乱流域に相当する*．C_D と Re_p の関係は実

---

* 粒子間で干渉のある沈降を干渉沈降と呼ぶ．

* 単一の粒子の沈降を自由沈降と呼ぶ．

* ρ_p の添字 "p" は particle（粒子）を表す．

* 抵抗力の "R" は resistance の意味である．

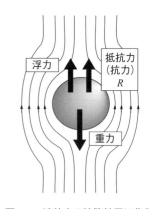

図 8.5 流体中の沈降粒子に作用する力

* $\rho u^2/2$ は流体のもつ運動エネルギーを圧力の単位で表した項であるため動圧と呼ばれる．

* C_D の添字 "D" は drag（抵抗）の意味をもつ．

* 円管内の流れに対するレイノルズ数の層流域は $\mathrm{Re} < 2300$，遷移域は $2300 \leq \mathrm{Re} < 4000$，乱流域は $\mathrm{Re} \geq 4000$ となる．

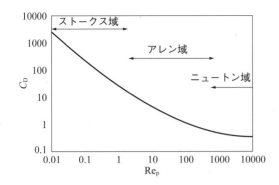

図8.6 抵抗係数と粒子レイノルズ数の関係

験的に明らかにされており，**図8.6**で表される．図8.6の実験値に対しては，一般に次の近似式が適用されている．

$$ストークス域 : C_D = \frac{24}{\text{Re}_p} \qquad (8.14)$$

$$アレン域 : C_D = \frac{10}{\sqrt{\text{Re}_p}} \qquad (8.15)$$

$$ニュートン域 : C_D = 0.44 \qquad (8.16)$$

実用上最もよく使われるストークス域での抵抗力 R は，式 (8.12) に式 (8.13), (8.14) を代入して次式のようにまとめられる．

$$R = 3\pi \mu u x \qquad (8.17)$$

この関係は**ストークスの抵抗法則**（Stokes' law of resistance）と呼ばれ，理論的に導かれている．

粒子が重力のみを受け，粒子濃度が希薄な流体中で自由沈降をする場合，沈降が始まった直後は加速度 du/dt で沈降が進行するものの，やがて粒子に働く重力と抗力とがつり合って加速度は0となり，粒子は一定速度で沈降するようになる．このときの速度 u_t を**終末沈降速度**（terminal settling velocity）と呼ぶ*．ストークス域における球形粒子の終末沈降速度 u_t は，式 (8.11) の左辺を0とおき，式 (8.17) を代入して次式で与えられる．

$$ストークス域 : u_t = \frac{x^2 (\rho_p - \rho) g}{18 \mu} \qquad (8.18)$$

式 (8.18) は**ストークスの式**（Stokes' law）と呼ばれ，小さな粒子が液中を自由沈降する場合には，この式が当てはまる場合が多い．同様にアレン域，ニュートン域についても式を整理すると，それぞれ次式を得る．

$$アレン域 : u_t = \sqrt[3]{\frac{4x^3 (\rho_p - \rho)^2 g^2}{225 \mu \rho}} \qquad (8.19)$$

* u_t の添字 "t" は terminal の意味である．

ニュートン域：$u_t = \sqrt{\dfrac{x(\rho_p - \rho)g}{0.33\rho}}$ (8.20)

【例題 8.3】 密度 $1.44\,\mathrm{g\,cm^{-3}}$，直径 $5.0\,\mathrm{\mu m}$ の球形粒子が，密度 $1.0\,\mathrm{g\,cm^{-3}}$，粘度 $0.001\,\mathrm{Pa\,s}$ の水中を自由沈降するときの沈降速度を求めよ。

【解】 まずストークス域であると仮定して，式 (8.18) より，

$$u_t = \dfrac{(5\times 10^{-6})^2(1440-1000)(9.8)}{(18)(0.001)} = 6.0\times 10^{-6}\,\mathrm{m\,s^{-1}}\ (6.0\,\mathrm{\mu m\,s^{-1}})$$

となる。このとき，式 (8.13) より，

$$\mathrm{Re}_p = \dfrac{(5\times 10^{-6})(6\times 10^{-6})(1000)}{0.001} = 3\times 10^{-5} < 2\ (ストークス域)$$

で仮定は正しい。 ■

8.3　流体からの連続的な粒子分離

粒子懸濁液を連続的に流して粒子を沈降させ，清澄な液を得る操作を**清澄化**（clarification）と呼ぶ。装置には沈降槽が用いられ，懸濁液が槽内に流入してから流出するまでの時間のうちに粒子沈降が完了するように運転される。所定の大きさの粒子を沈降させる設計項目は，懸濁液の流量もしくは槽の大きさである。これらの決定方法を学ぼう。

例えば，**図 8.7** に示す長さ L，高さ H，幅 W の水平流型沈降槽について考える。いま，槽の頂上部，高さ H の位置で水平方向に流量 Q（流速 $v = Q/(WH)$）で懸濁液が流入し，槽に入った時点で懸濁粒子は重力に従って鉛直方向に終末速度 u_t で自由沈降しているとする。

沈降粒子は槽底に達した時点で捕集されるとすれば，槽底で 100 % 捕集される粒子の中で最も沈降速度の小さい（粒径が小さい）粒子は，高さ $h = H$ で流入し，移動距離 $l = L$ で槽底に達する粒子である。この粒子がこの沈降槽における分離限界粒子であり，この粒子の終末沈降速度 $u_{t,c}$ は $u_{t,c} = vH/L = Q/(WL)$ で表される*。したがって，沈降

* $u_{t,c}$ の添字 "c" は critical の意味で，限界を表す。

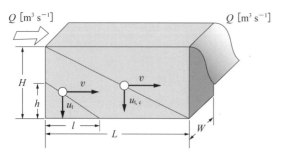

図 8.7　水平流型連続沈降槽

速度 $u_{t,c}$ 以上の大きい粒子を完全に捕集するためには，流量 Q または槽サイズを次のように設定する必要がある．

$$Q \leq u_{t,c} WL \tag{8.21}$$

ただし，この式は粒子が流入時から終末速度で沈降し，粒子間の干渉がない理想的な状態を想定していることに注意しなければならない．

【例題 8.4】 幅 3 m，深さ 1 m，長さ 5 m の水平流型連続沈降槽に，密度 2.6 g cm^{-3} の粒子を含む希薄懸濁液（媒質は密度 1.0 g cm^{-3}，粘度 0.001 Pa s の水）を流量 3 m^3 h^{-1} で流入させたところ，すべての粒子を槽底で捕集できた．粒子まわりの流れ状態がストークス域にあるとして，この粒子の径が満たす条件を求めよ．

【解】 式 (8.18) と式 (8.15) を組み合わせて，次式を得る．

$$x = \sqrt{\frac{18\mu}{(\rho_p - \rho)g} u_t} \geq \sqrt{\frac{18\mu}{(\rho_p - \rho)g} \frac{Q}{WL}} = \sqrt{\frac{18 \times 0.001}{(2600 - 1000)9.8} \frac{3/3600}{3 \times 5}}$$

$$= 8.0 \times 10^{-6} \text{ m}$$

この粒子の径は 8.0 μm 以上である．　∎

8.4　ろ過操作

　固体と液体の混合物を多孔質の層（ろ紙，ろ布，膜もしくは粒子層）*に通すことで，孔の大きさによって，孔より小さい粒子を通し大きい粒子を阻止する操作を**ろ過**（filtration）と呼ぶ．

　ろ過では固体粒子の懸濁液*を原料として，液中に懸濁している無機物の粒子や微生物，タンパク質などの固体が分離される．目的とする製品は固体（粒子）もしくは清澄な液体である．粒子濃度 1 vol% 以上の懸濁液を，布などのろ材を用いてろ過すると，ろ材表面に粒子の堆積層（ろ過ケーク*）が形成されて徐々に厚くなり，ケーク自身が障壁となってその後のろ過が進行する．これをケークろ過という．ケークの成長とともにろ過速度が著しく低下するため，原料をろ材表面と平行に流通して，ケークを掃流して成長を妨げる，クロスフローろ過も行われる*．ここでは，定圧条件下におけるケークろ過について説明する．

　ケークろ過では，ろ材面上に形成されたケーク層を液体が透過してろ過が進行する．その液体（ろ液）の透過速度，すなわち**ろ過速度**（filtration rate）q [m s^{-1}] は式 (8.22) に従い，**ろ過圧力**（filtration pressure）p [Pa] に比例し，**ろ過抵抗**（filtration resistance）R（ケーク内流動抵抗 R_c と，ろ材流動抵抗 R_m の和*）と，**ろ液粘度**（filtrate

---

* ろ紙，ろ布，膜もしくは粒子層はろ材と呼ばれる．

* 化学工業では粒子懸濁液をスラリー（slurry）と呼ぶ．

* ろ過ケークは，cake という名前の通り，白色微細粒子の懸濁液から形成されるケークはチーズケーキのように見える．

* クロスフロー（cross flow）は十字流と訳される通り，ろ液の流れ方向と，懸濁液の流れ方向が直交する流れとなっている．

* R_c の添字 "c" は cake つまりケークを表し，R_m の添字 "m" は filter medium つまり，ろ材を表す．

第8章　流体からの粒子分離

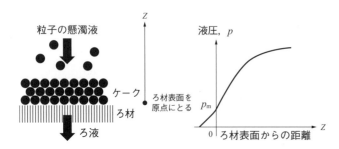

図 8.8　ろ過ケーク形成の概念と液圧分布

viscosity) μ [Pa s] に反比例する．

$$q \equiv \frac{1}{A}\frac{dV}{dt} \equiv \frac{dv}{dt} = \frac{p}{\mu R} = \frac{p}{\mu(R_c + R_m)} \quad (8.22)$$

ここで，v は単位ろ過面積あたりのろ液量（$\equiv V/A$），t はろ過時間である．

図 8.8 はろ過ケーク形成の概念と液圧分布を示す．q をケーク層にかかる圧力で書き表せば，

$$q = \frac{p - p_m}{\mu R_c} \quad (8.23)$$

となる．p_m はろ材表面上の液圧 [Pa] である*．時間経過とともにケークが成長しケーク自身がろ過分離の主役となる．ここでケーク内の液の流動抵抗 R_c [m^{-1}] はケークの固体質量 W_c [kg] に比例すると定義する*．

$$R_c = \alpha \frac{W_c}{A} \quad (8.24)$$

α は**平均ろ過比抵抗**（average filtration ratio resistance）と呼ばれる，ろ過の困難さの指標で，対象となる懸濁液のろ過性を表す重要なケーク特性値である．式 (8.24) を式 (8.22) に代入すると次式を得る．

$$q = \frac{Ap}{\mu(\alpha W_c + AR_m)} \quad (8.25)$$

一定の操作圧力でろ過を行う定圧ろ過において，ろ材の流動抵抗 R_m を，それと同じ抵抗をもつ仮想的なケークを想定して次式で表す．

$$R_m = \alpha \frac{W_m}{A} \quad (8.26)$$

式 (8.26) を式 (8.25) に代入すると次式を得る．

$$q = \frac{Ap}{\mu\alpha(W_c + W_m)} \quad (8.27)$$

この式は，ケーク内の固体質量 W_c が測定できればろ過速度が計算できることを示しているが，実際の操作中にケークを取り出して固体質量

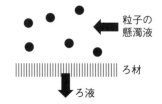

クロスフローろ過の概念

* p_m の添字 "m" も filter medium つまり，ろ材を表す．

* W_c の添字 "c" も cake つまりケークを表す．

を測定するのは困難である．そこで，ろ液量の変化と W_c を対応させる．

粒子濃度 s [kg-固体 kg-懸濁液$^{-1}$] の懸濁液 B [kg] をろ過して，ろ液量 V [m^3] と乾燥固体質量 W_c のケークを得たとする．m をケークの湿乾質量比 [kg-湿りケーク kg-乾燥ケーク$^{-1}$]，ρ はろ液密度，s は懸濁液中の固体粒子の質量分率とすれば，ろ液量は懸濁液質量から湿りケーク質量を引いて得られる．$\rho V = B - Bsm$，$W_c = Bs$ であるので，W_c は次式で表される．

$$W_c = \frac{\rho s}{1 - ms} V \tag{8.28}$$

仮想的なケーク中の乾燥固体質量 W_m についても同様に表して，式 (8.22) に代入すると次式が得られる．

$$q = \frac{1}{A}\frac{dV}{dt} = \frac{A(1-ms)p}{\mu \rho s \alpha (V + V_m)} \tag{8.29}$$

ろ過圧力 p を一定にして行う定圧ろ過では，α と m はろ過期間中一定と見なせるので，式 (8.29) を定圧条件下で積分すると，ルースの定圧ろ過式が次のように得られる．

$$\left(\frac{V}{A} + \frac{V_m}{A}\right)^2 = K(t + t_m) \tag{8.30}$$

$$K \equiv \frac{2p(1-ms)}{\mu \rho s \alpha} \tag{8.31}$$

ここで，t_m は仮想ろ液量 V_m を得るのに要する仮想ろ過時間で $t_m = V_m^2 / (KA^2)$ となる．K は**ルースの定圧ろ過係数** (Ruth's constant pressure coefficient) と呼ばれ，この値が大きいほどろ過が困難である．K を用いて式 (8.29) を整理すると次式を得る．

$$\frac{dt}{dV} = \frac{\mu \rho s \alpha}{A^2 p (1 - ms)}(V + V_m) = \frac{2}{KA^2}(V + V_m) \tag{8.32}$$

したがって，定圧ろ過では，dt/dV 対 V あるいは t/V 対 V をプロットすると直線関係が得られ，その傾きから K が求められる．これらは**ルースプロット** (Ruth plot) と呼ばれ，定圧ろ過実験データの整理法として有効である．図 8.9 にルースプロットの例を示す．同じろ過実験でも，縦軸を dt/dV とした場合は t/V とした場合に比べ，傾きは 2 倍になる．また，縦軸の切片の値は両者とも同じで $2V_m/K$ である．

【**例題 8.5**】ろ過面積 200 cm^2 のろ過器を用いて，粒子濃度 5 wt% の懸濁液を 100 kPa の圧力で定圧ろ過し，ろ液量の経時変化を測定したところ以下のデータを得た．ルースの定圧ろ過係数の値を求めよ．

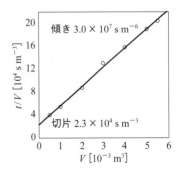

図 8.9 ルースプロットの一例

第8章 流体からの粒子分離

t [min]	0	6	10	20	30	40	50	60
V [mL]	0	308	417	627	801	945	1069	1178

【解】題意より $A = 2.0 \times 10^{-2}\,\mathrm{m^2}$, $s = 0.05$.
図 8.10 に dt/dV 対 V のプロットを示す．これより傾き $4.57 \times 10^5\,\mathrm{s\,m^{-6}}$．傾きの値は $2/(KA^2)$ に等しいので，下のようになる．

V [$10^{-4}\,\mathrm{m^3}$]	0	3.08	4.17	6.27	8.01	9.45	10.7	11.8
dV [$10^{-4}\,\mathrm{m^3}$]		3.08	1.09	2.10	1.70	1.40	1.20	1.09
t [$10^{-3}\,\mathrm{s}$]	0	0.360	0.600	1.20	1.80	2.40	3.00	3.60
dt [$10^{-3}\,\mathrm{s}$]	-	0.360	0.240	0.600	0.600	0.600	0.600	0.600
$dt/\Delta V$ [$10\,\mathrm{s\,m^{-3}}$]	-	1.17	2.20	2.86	3.45	4.17	4.84	5.50

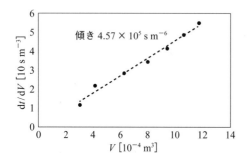

図 8.10　dt/dV 対 V のプロットの一例

$$K = \frac{2}{(傾き)A^2}$$

$$K = \frac{2}{(4.57 \times 10^5)(2.0 \times 10^{-2})^2} = 1.09 \times 10^{-2}\,\mathrm{m^2\,s^{-1}} \quad \blacksquare$$

【例題 8.6】ろ過面積 $0.5\,\mathrm{m^2}$ のろ過器を用いて定圧ケークろ過を行い，20分後に $5\,\mathrm{m^3}$ のろ液を得た．このままさらに40分間ろ過を続けたときのろ液量とそのときのろ過速度 (dv/dt) を求めよ．ただし，ろ材抵抗は無視できるほど小さいとする．

【解】ろ材抵抗が無視できるので，式 (8.30) の V_m と t_m はゼロであり，下のようになる．

$$\left(\frac{V}{A}\right)^2 = Kt$$

$$\left(\frac{5}{0.5}\right)^2 = K(20 \times 60)$$

$$\therefore K = 0.0833\,\mathrm{m^2\,s^{-1}}$$

ろ過開始から 60 分後までに得られる単位ろ過面積あたりのろ液量 v
$(= V/A)$ は,

$$v = \sqrt{(0.0833)(60 \times 60)} = 17.3 \,\text{m}$$

$$V = Av = (0.5)(17.3) = 8.65 \,\text{m}^3$$

であり，このときのろ過速度は下のとおりとなる．

$$\frac{dv}{dt} = \frac{K}{2v} = \frac{0.0833}{2(17.3)} = 2.41 \times 10^{-3} \,\text{m s}^{-1} \quad\blacksquare$$

【例題 8.7】 例題 8.5 と同じ条件で，粒子濃度 5 wt% の懸濁液を 100 kPa の圧力で定圧ろ過する場合を考える．ろ液の密度と粘度は 1.0×10^3 kg m^{-3}，1.0×10^{-3} Pa s，生成ケークの湿乾質量比は 1.65 であるとして，平均ろ過比抵抗の値を求めよ．

【解】 例題 8.5 と 8.7 の題意より $s = 0.05$，$\rho = 1.0 \times 10^3$ kg m^{-3}，

$\mu = 1.0 \times 10^{-3}$ Pa s, $p = 1.0 \times 10^5$ Pa, $m = 1.65$

式 (8.32) より $\quad \alpha = \dfrac{2p(1 - ms)}{K\mu\rho s}$

$$\alpha = \frac{2(1.0 \times 10^5)\{1 - (1.65)(0.05)\}}{(1.09 \times 10^{-2})(1.0 \times 10^{-3})(1.0 \times 10^3)(0.05)} = 3.37 \times 10^8 \,\text{m kg}^{-1} \quad\blacksquare$$

演習問題

8.1 直径 1 mm, 2 mm および 3 mm の球状粒子がそれぞれ 10 個，20 個および 15 個ある．この粒子を混合させたとき体積平均径はいくらか．

8.2 ポリエチレンの粉 100 g をふるい分けして重量を測定したところ，下表に示す測定結果が得られた．この粒子の積算分布と頻度分布を表し，メジアン径とモード径を求めよ．

表　ポリエチレン粒子径の測定値

粒子径範囲 [μm]	0〜20	20〜40	40〜80	80〜120	120〜200
粒子重量 [g]	5	27	42	23	3

8.3 密度 2500 kg m^{-3} の粒子を，密度 920 kg m^{-3}，粘度 0.080 Pa s のオリーブ油の中で自由沈降させてその終末速度を測定したところ，3.7 cm s^{-1} であった．この粒子の直径を計算せよ．

8.4 密度 2500 kg m^{-3} の粒子を含む排水を体積流量 1500 m^3 h^{-1} で，高さ 2 m，幅 3 m，長さ 10 m の水平型沈降分離槽に供給して，固液の分離を行う．この装置で完全に分離できる最小粒子径を求めよ．

8.5 ある懸濁液を，時間あたりのろ液量 (dV/dt) が一定となるように 10 分間ろ過して 10 m^3 ろ液を得た後，その到達圧力のもとで引き続き 15 分間の定圧ろ過を行った．このとき，定圧ろ過期間で得られるろ液量を求めよ．ただし，ろ材抵抗は無視できるものとする．

8.6 密度 2600 kg m^{-3} の粒子が密度 1000 kg m^{-3} の水に懸濁した液をろ過し，ろ過終了後に生成ケークを取り出して乾燥させたところ，湿潤ケーク質量は 88.4 g，乾燥ケーク質量は 51.3 g であった．このケークの平均空隙率はいくらか．

第8章　流体からの粒子分離

Column

ファインバブルという小さな泡の力

　液中に分散された，ファインバブルという微細な泡の作用が注目を集めている．ファインバブルは，直径が$1 \sim 100$ mm のマイクロバブルと，直径が1 mm 以下のウルトラファインバブルと呼ばれる気泡の総称で，身近な例として，シャワーヘッドや洗濯機に応用されている．水産業や農業の分野でも，養殖場での酸素供給や鮮度保持のために窒素ファインバブル水が用いられ，イチゴやレタスなどの水耕栽培での活用例がある．液中に分散する気泡により，液への気体溶解が促進されることや，液中の疎水性物質が吸着されて気泡の浮上とともに分離される．産業応用が進む中で，ファインバブルがなぜ効果を高めているのかという作用メカニズムに関しては未解明であり，盛んに研究が進められている．

# プロセス制御

　化学工場では規模に比べて驚くほど少ない人数で運転が行われている．これは，各種の生産工程（**プロセス** process）が組み合わされたシステムが自動的に制御されているためである．**制御**（control）とは，対象に働きかけて我々の意図するように変化させることで，ロボットや自動運転技術に限らず，生物の営みや経済などの分野でも自然に行われている．本章ではこのような制御の考え方と取り扱いの基礎を学ぶ．制御は対象とする分野が広いので，一般的な説明のために，信号（実際には電気信号）の装置への入出力を記述するための道具として数学を用いる．現象よりも概念（考え方）を扱う点が，これまでの章との違いである．

9.1 プロセス制御とは

　制御が行われている系（システム system と呼ぶ）は，工場や飛行機からエアコンまで多様だが，制御する仕組みは基本的にほぼ同じである．はじめにエアコンで行われている制御を考えよう．

　まず，何を制御の対象にするのかを明確にしなければならない．この場合は部屋である．次に，対象のどんな量を制御するのか，また，何によってその量を変化させるのか，を定める必要がある．制御すべき量は室温で，制御の目的は室温を設定値に保つことである．室温が変化する要因は，エアコンの室内機からの冷気（冬は熱）に加え，窓や床から出入りする熱，ドアの開閉で交換される空気の熱や人間による発熱などがある．

　これらの要因のうち，我々が制御に利用できる量を**操作量**（manipulated variable）と呼び，我々が操ることができないが室温を変える原因となるものを**外乱**（disturbance）という．制御では制御対象に出入りするこれらの量を表すため，ブロック線図を用いる（**図 9.1**）．対象に入る矢印は加えられるもので，対象から出る矢印は入力による変化の結果を示している．

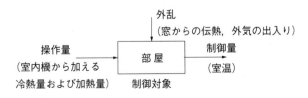

図 9.1　エアコンによる室温制御でのブロック線図

第9章 プロセス制御

【例題 9.1】 自動車の自動運転における制御目的は，所定の時刻に特定の速度と進行方向とすることで，制御量は速度と進行方向である．このように，一つの制御対象について制御量と操作量が複数になることも多い．以下の問 (1), (2) に答えよ．
 (1) 速度と進行方向に対する操作量はそれぞれどのような量か？
 (2) 外乱の例をいくつか挙げよ．

【解】 (1) 速度に対応する操作量はエンジン，ブレーキからの力である．進行方向に対応する操作量は前輪の角度である．
 (2) 外乱は，路面の凹凸，道路の勾配，空気抵抗，横風などである． ■

9.2 望ましい制御とは

エアコンによる室温制御の目的は，室温を設定値に一致させることだが，その際に考えるべきことが二つある．一つは，設定値の変化や外乱の影響を受けた場合に速く応答することで，もう一つは室温が不安定にならないことである．

制御の善し悪しを調べる最も簡単な方法は，設定値を変えた*後，どれくらいの時間で目標値に達するかを調べることである．例えば，冬に室温が15 ℃になっているとき，エアコンの設定値22 ℃でスタートさせてから，室温の時間変化を調べてみる．望ましい制御が行われた室温変化の例は，図 9.2で表される．

一方，制御がうまくいかないと，室温は図 9.3aで示すように上昇し続けたり，図 9.3bのように振動がいつまでも収まらなくなってしまう．制御はコントローラで行われ，制御の設計者は，コントローラの種類を選択して，コントローラのパラメータ値を選択する．

* このような変化をステップ状の変化という．ステップ状の変化とは，図 9.2の a), b) 中の設定値の点線のように，時間 0で突然，時間で変化しない設定値が与えられることである．

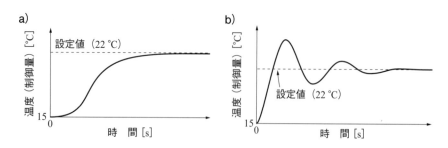

図 9.2 望ましい制御が行われた場合の室温変化
 a) 室温が設定値より高くならない場合，b) 室温の行き過ぎと振動があっても減衰して一定値に到達する場合

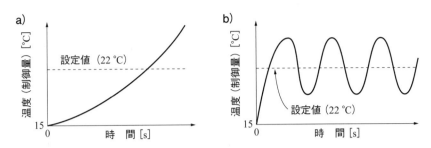

図 9.3 望ましくない制御が行われた場合の室温変化
a) 室温が上昇し続ける場合，b) 振動が収まらない場合

9.3 フィードバック制御

図9.4に示すように，タンクに水を所定の高さまで入れる操作での制御について考えよう．この場合の制御対象はタンクで，制御量は水面高さ，操作量はバルブの開度である．

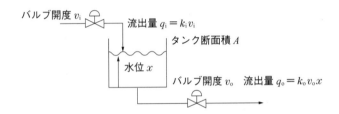

図 9.4 貯水タンクへの水の供給とタンクからの流出＊

＊ q, k, v などの添字の i と o はそれぞれ in と out の頭文字で，流入と流出を表す．

この場合の外乱の一例はタンクからの液漏れで，ブロック線図を描くと図9.5のようになり，この場合の外乱ではマイナスの流量が入力されることになる．

図 9.5 タンク内の水面高さの制御での操作量，制御量と外乱

仮に人間がこの制御を行うなら，水面高さを目で見て目標高さとの差が大きければ供給口バルブを大きく開き，差が小さくなるにつれてバルブを徐々に閉じ，差がゼロになったら供給口と出口のバルブを止める．

バルブは制御目的を達成するために操作量を変える仕組みで，これを**アクチュエータ**（actuator）と呼ぶ．

第 9 章　プロセス制御

この場合人間の頭脳は，目というセンサから得た情報から制御量と目標値との差（偏差）を認識して，この差の大きさに応じて適したバルブ開度にする力を加える信号を送る，コントローラとして機能している．

この制御法をブロック線図で表すと，**図 9.6** のように信号のループができる．この制御法を**フィードバック制御**（feedback control）と呼ぶ．フィードバック制御ではコントローラが制御量をセンサで検知しながら適切な制御信号をアクチュエータに与えるので，制御対象が外乱により乱されても迅速に対処でき，多くの制御で用いられている．

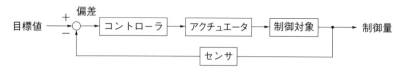

図 9.6　フィードバック制御を表すブロック線図

9.4　微分方程式によるプロセスの動特性の表現

プロセスとは広い意味をもつ用語で，本章の冒頭では「生産工程」と述べたが，ここでは狭い意味で「制御が加えられる対象の装置」とする．プロセスの動特性とは，プロセスに変化が加えられた後の制御量，つまり出力の時間による変化のしかたで，プロセスの特徴を表している．動特性を数式で表現することによって，この装置の制御方法や制御パラメータを選択できる．制御量の時間変化は，物質収支や運動方程式からつくられる微分方程式で表される．

9.3 節の例の貯水タンクでは，物質収支から以下の微分方程式が導かれる．

$$A\frac{dx}{dt} = q_i - q_o \tag{9.1}$$

ここで t は時間 [s]，流入液量を q_i [m^3 s^{-1}]，流出液量を q_o [m^3 s^{-1}]，水位 x [m]，タンク断面積を A [m^2] とする．

流入液量 q_i [m^3 s^{-1}] は供給バルブの開き角度 v_i に比例すると考え，

$$q_i = k_i v_i \tag{9.2}$$

とする．

流出液量 q_o [m^3 s^{-1}] は，水位 x [m] が高いほど大きくなり，排出弁の開き角度 v_o に比例すると仮定して，

$$q_o = k_o v_o x \tag{9.3}$$

と表せば，このプロセスの動特性すなわち水位 x の時間変化を表す微

9.5 ラプラス変換と伝達関数

分方程式は次のように書かれる.

$$\frac{\mathrm{d}x}{\mathrm{d}t} = \frac{k_\mathrm{i}}{A}v_\mathrm{i} - \frac{k_\mathrm{o}}{A}v_\mathrm{o}x \tag{9.4}$$

9.5 ラプラス変換と伝達関数

式 (9.4) を解けば時間 t に対する水位 x の変化を知ることができる. しかし実際には, 多くの場合 微分方程式が複雑になりすぎて解くのが難しい. そこでラプラス変換 (Laplace transform) という方法を使うと, 微積分が積の演算などの簡単な演算に変換されるため, 制御系の解析・設計が格段に楽になる. この便利な道具であるラプラス変換を使ってプロセスの動特性を表してみよう.

ラプラス変換では, 時間 t を変数とする関数 $f(t)$ を, 次式に従って複素数 s を変数とする関数 $F(s)$ に変換する*.

$$F(s) = \int_0^\infty f(t)\mathrm{e}^{-st}\mathrm{d}t \tag{9.5}$$

* 複素数だから難しいと考えるよりも, 単に記号が変わるのだ, というほどの気楽さで十分である.

ラプラス変換を用いて微分方程式を解くことは, 現実 (時間を t で表す領域；t 領域) の問題を, 時間が複素数 s で表される領域 (s 領域) に変換して計算することといえる. 得られた結果を逆変換し, s 領域から t 領域に戻せば, もとの微分方程式の解, つまり時間 t についての制御量変化を表す式が得られることになる*.

* 言い換えれば, s 領域という裏道を使って微分方程式の解にたどり着くのである.

【例題 9.2】 以下の (1), (2) の関数のラプラス変換を求めよ.

(1) ステップ関数と呼ばれる $f(t) = 1$

(2) $f(t) = t$

【解】

(1) $F(s) = \int_0^\infty (1)\mathrm{e}^{-st}\mathrm{d}t$ を部分積分の公式を用いて解く*.

$$\int f(x)g(x)\,\mathrm{d}x = f(x)G(x) - \int f'(x)G(x)\,\mathrm{d}x \qquad G(x) \text{ は } g(x) \text{ の積分.}$$

よって $F(s) = -\dfrac{1}{s}[\mathrm{e}^{-st}]_0^\infty = -\dfrac{1}{s}(0-1) = \dfrac{1}{s}$

* $\mathrm{e}^{-\infty} = 0,\ \mathrm{e}^0 = 1$ である.

(2) $F(s) = \int_0^\infty t\,\mathrm{e}^{-st}\mathrm{d}t$ 公式より

$$F(s) = \left[\frac{1}{s}t\,\mathrm{e}^{-st}\right]_0^\infty + \frac{1}{s}\int_0^\infty \mathrm{e}^{-st}\mathrm{d}t$$

$$= 0 + \frac{1}{s}\left(-\frac{1}{s}\right)\left[\mathrm{e}^{-st}\right]_0^\infty$$

$$= \frac{1}{s^2}$$

115

第9章　プロセス制御

表9.1　ラプラス変換の基本的性質

	t 領域	s 領域
①	$a f_1(t) + b f_2(t)$ a, b は定数	$a F(s) + b F(s)$
②	$\dfrac{\mathrm{d} f(t)}{\mathrm{d} t}$	$s F(s) - f(0)$
③	$\displaystyle\int_0^t f(t)\,\mathrm{d}t$	$\dfrac{F(s)}{s}$
④	t 領域の推定定理 $f(t - a)$ $f(t + a)$	$\mathrm{e}^{-as} F(s)$ $\mathrm{e}^{as} F(s)$
⑤	最終値の定理	$\displaystyle\lim_{t \to \infty} f(t) = \lim_{s \to 0} s F(s)$

このように t 領域の関数 $f(t)$ はラプラス変換により s 領域の関数 $F(s)$ に変わる.　■

　表 9.1 にラプラス変換の基本的な性質をまとめる.

　① は線形性と呼ばれ，t 領域の関数に，定数を掛けたり，複数の関数を加える場合には，ラプラス変換の前に行なっても後に行なっても同じであることを示している.

　② と ③ は t 領域の微分と積分の変換で，t 領域の微分は s 領域では s を掛けることであり，t 領域の積分は s 領域では s で割ることである.

　④ は，t 領域で時間を a だけ遅らせるとき，s 領域では e^{-as} を掛けることになることを示している.　制御ではこのような時間のずれを**むだ時間**（dead time）と呼ぶ*.　一方 t 領域で時間を a だけ早めるときには，s 領域では e^{as} を掛けることとなる.

＊　むだ時間については 9.7 節で詳しく解説する.

　⑤ は**最終値の定理**（final value theorem）と呼ばれ，t 領域で長時間が経過した後の状態を調べたい場合に有効である.　$F(s)$ に s を掛け，$s \to 0$ の極限値を求めればよい.

　操作量や制御量の時間変化は，プロセスへの入力と出力の信号の時間変化でもある.　**表 9.2** にこれらの信号の代表例を t 領域での関数として示すとともに，対応するラプラス変換をまとめた.

【例題 9.3】 関数 $F(s) = \dfrac{6}{s(s+2)}$ のラプラス逆変換を求めよ.

【解】

$F(s) = \dfrac{6}{s(s+2)}$ を部分分数 $\dfrac{A}{s} + \dfrac{B}{s+2}$ の形に展開すれば，ラプラス変換表が使える.

116

9.5 ラプラス変換と伝達関数

表 9.2 ラプラス変換表

	t 領域		s 領域
① インパルス		$\delta(t)\begin{cases}u(0)=\infty\\u(t)=0\end{cases}$ $(t>0)$ $\displaystyle\int_0^\infty u(t)\,\mathrm{d}t=1$	1
② ステップ		1	$\dfrac{1}{s}$
③ ランプ		t	$\dfrac{1}{s^2}$
④ 指数関数		e^{-at}	$\dfrac{1}{s+a}$
⑤ 三角関数		$\sin\omega t$	$\dfrac{\omega}{s^2+\omega^2}$
		$\cos\omega t$	$\dfrac{s}{s^2+\omega^2}$

インパルス関数

非常に短時間で大きな値をとり，それ以外の時間ではゼロになる関数．

ステップ関数

t 領域では $t=0$ で，瞬間的に 1 に変化し，その後も 1 を保つ関数．

ランプ関数

ramp function と呼ばれ，表 9.2 の t 領域では $u=t$ で表される関数．

指数関数

t が大きくなると 0 に漸近するので，安定性への寄与が大きい関数．

$$F(s) = \frac{A}{s} + \frac{B}{s+2} = \frac{A(s+2)+Bs}{s(s+2)} = \frac{(A+B)s+2A}{s(s+2)}$$

与式と比べると $A+B=0,\ 2A=6$．

したがって $A=3,\ B=-3$ なので，

$$F(s) = \frac{3}{s} - \frac{3}{s-2}\quad\text{に展開できる．}$$

ラプラス変換表によれば，$\dfrac{1}{s}$, $\dfrac{1}{s+a}$ に対応する t 関数はそれぞれ 1, e^{-at} だから

$$f(t) = 3\,(1-\mathrm{e}^{-2t})\qquad\blacksquare$$

ラプラス変換を使う準備が整ったので，貯水タンクの動特性を表す式 (9.4) をラプラス変換しよう．ここで，排出バルブの開き角度 v_o を一定値として，供給バルブの開き角度 v_i を調節するとすれば，次式が得られる．

$$sX(s) - x(0) = \frac{k_\mathrm{i}}{A}V_\mathrm{i}(s) - \frac{k_\mathrm{i}v_\mathrm{o}}{A}X(s) \tag{9.6}$$

ここで $X(s)$ と $V_\mathrm{i}(s)$ はそれぞれ x と v_i のラプラス変換である．$x(0)=0$ とおき，係数 $(k_\mathrm{i}/A)=a$, $(k_\mathrm{i}v_\mathrm{o}/A)=b$ とすれば，次式のように書かれる．

$$sX(s) = aV_\mathrm{i}(s) - bX(s) \tag{9.7}$$

整理すると，

動特性

制御における動特性とは，制御量が時間に対してどのように変化するか，という意味である．

117

$$X(s) = \frac{a}{s+b} V_i(s) \tag{9.8}$$

となる.

式 (9.8) は, $X(s)$ で表された水位が, 供給バルブの開度 $V_i(s)$ によって, どのように変わるかを表している. この式をブロック線図で表すと図 9.7 のようになる*.

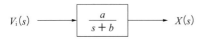

図 9.7 入力 $V_i(s)$ と水位 $X(s)$ との関係

* 制御ではこの図を「四角で囲まれたプロセスに $V_i(s)$ という入力信号が入ったときの出力は $X(s)$ となる」というように読む.

四角の中の $\frac{a}{s+b}$ は, プロセスの動特性を表す関数で**伝達関数**(transfer function) と呼ばれ, 次式のように表す.

$$G(s) = \frac{a}{s+b} \tag{9.9}$$

伝達関数を使うと, プロセスの入力と出力の関係が簡単な掛け算で表されるので非常に便利である. これを式で表せば,

$$X(s) = G(s) V_i(s) \tag{9.10}$$

となり, もはや微分方程式の複雑さは感じられない. 上で述べたように, プロセスやシステムはブロック線図で表される. 各ブロックはそれぞれ伝達関数という特徴をもち, 矢印で表された信号が入力され, 伝達関数を掛けたものが出力される.

それでは, 例題として次の問題を考えてみよう.

【**例題 9.4**】 図 9.4 で示されたタンクの水位を制御する装置で, 供給バルブ開度 $V_i(s)$ をある時刻で 1% ステップ状に大きくした. この変化に対応して水位 x はどのように変化するか. ただし式 (9.8) の a を 0.3, b を 0.3 とする.

【**解**】 $V_i(s)$ はステップ状に変化するので, 表 9.2 から

$$V_i(s) = \frac{1}{s} \tag{9.11}$$

となり, これを式 (9.8) に代入すると

$$X(s) = \frac{0.3}{s+0.3} \left(\frac{1}{s} \right) \tag{9.12}$$

となる. ここで, s 領域から t 領域に変換するために部分分数に展開する.

$$X(s) = \frac{0.3}{s(s+0.3)} = \frac{1}{s} - \frac{1}{s+0.3} \tag{9.13}$$

右辺の各項を, 表 9.2 を用いて変換して書けば,

$$x(t) = 1 - e^{-0.3t} \tag{9.14}$$

となる．この式は水位の時間変化を表しており，プロットすれば**図9.9**になる．水位は時間が経つとともに一定値に漸近して安定する． ∎

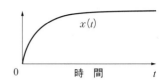

図9.8 水位 $x(t)$ の経時変化

9.6 1次遅れ系

伝達関数 $G(s)$ が $\dfrac{b}{s+a}$ の形をもつ場合を**1次遅れ系**と呼ぶ．

$$G(s) = \frac{b}{s+a} \tag{9.15}$$

制御に限らず化学工学で扱う現象やプロセスは，1次遅れ系で表されるものが非常に多い．したがって1次遅れ系の考え方を身につければ，現象を数学的に記述するのに役立つ．

ここで $1/a$ を T，b/a を k とおけば，式 (9.15) は

$$G(s) = \frac{k}{1+Ts} \tag{9.16}$$

と書かれる．例題9.4で学習したように，この伝達関数をもつプロセスにステップ信号が入力されると出力 $Y(s)$ は

$$Y(s) = \frac{k}{1+Ts}\left(\frac{1}{s}\right) = \frac{k}{s} - \frac{k}{s+1/T} \tag{9.17}$$

となり，ラプラス逆変換を行えば

$$y(t) = k(1 - e^{-t/T}) \tag{9.18}$$

となる．

入力としてステップ信号すなわち1が入ると，十分に時間が経った後の出力は k 倍になり，時刻 $t = T$ の時点で $e^{-t/T}$ の値が $e^{-1} = 0.37$ となるので，出力 $y(t)$ の値が $0.63k$ になる（**図9.9**）．このときの時刻を**時定数**（time constant）と呼び，T の値の大小によってどれだけ速く最終値に到達するか，がわかる．時定数の小さいプロセスは応答が速く，時定数の大きいプロセスは応答が遅いので，時定数はプロセスの応答の速さを比べる指標となる．

ここで，k の値の意味を考えよう．この例では，ステップ信号として1が入力されると最終値が k になった．最終値に対する入力の大きさの比は**ゲイン**（gain）と呼ばれる．ゲインは時定数と同じように，その現象固有の特徴を表す量である．

1次遅れ系

時間とともに変化し得る温度のような値が，時間とともに一定になっていた場合に，それまでとは別の温度で一定となるような変化が加わったとしよう．温度は新たな値に向けて時間とともに変化するが，この変化のしかたが時間に対して指数関数となるような場合，その系を1次遅れ系という．時間に対して指数関数となるとは，変化が加わった直後の温度変化の傾きが最も大きく，傾きが時間経過とともに緩やかになりやがて傾きがなくなり，温度が新たな一定値に到達するという変わり方をする，ということである．

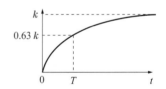

図9.9 1次遅れ系へのステップ入力に対する出力（ t 領域）

時定数

時定数とは，目標値の $(1-e^{-1})$ に達するまでの時間である．

9.7 むだ時間

伝達関数 $G(s)$ が e^{-Ls} の形をもつ場合を**むだ時間**と呼ぶ．化学工場で

はパイプが張り巡らされ，2種類の液体を1本のパイプに入れて混合することも珍しくない．図9.10のように，流体Bが流れるパイプに流体Aを流すパイプがX点で接続され，時間Lだけ運ばれた下流のY点で濃度を測定するとしよう．ある時刻に流体Aのバルブを一定の開度で開け，Y点でAの濃度の時間経過を測定すると，図9.11のようにAの濃度が変化する．

むだ時間

むだ時間とは，入力の信号が変化しても，出力が瞬間的に変化せずに遅れが生じるときの時間幅である．電気や機械分野での制御に比べて，液体や固体が流れる化学プロセスではむだ時間が長くなる（本章コラム参照）．

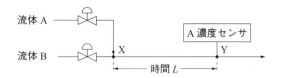

図9.10 流体Bへの流体Aの混合とむだ時間L

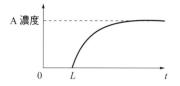

図9.11 Y点でのA濃度の時間変化

この変化では，Y点でAの濃度は時間Lだけ遅れて増え始めることが特徴である．このことを数式で表すため，仮にX点で測定されたA濃度の時間変化を$X_A(t) = C(t)$とすれば，Y点でのA濃度は$Y_A(t) = C(t-L)$と書ける．点XでのA濃度の変化を入力，点YでのA濃度の変化を出力とすれば，入出力関係をラプラス変換の推移定理（表9.1 ④）を用いて，

$$Y_A(s) = e^{-Ls} X_A(s) \tag{9.19}$$

と書ける．ここでe^{-Ls}は時間をLだけ遅らせることを表している．

9.8　1次遅れ＋むだ時間系

上に述べたように，伝達関数は信号の入力と出力の関係を表し，二つの伝達関数を組み合わせることもできる．

反応器に取り付けられた温度センサで，反応物を投入してからの温度の時間変化を測定する場合には，図9.12のような変化が観察される．

この現象は1次遅れ＋むだ時間として表現でき，伝達関数は次のよ

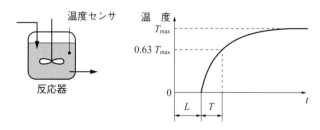

図9.12　1次遅れ＋むだ時間系での温度変化

うに表される．これは，1次遅れの伝達関数とむだ時間の伝達関数の積の形となっている．

$$G(s) = \left(\frac{k}{1+Ts}\right)(e^{-Ls}) = \frac{ke^{-Ls}}{1+Ts} \quad (9.20)$$

9.9　ブロック線図の等価交換

　伝達関数を使えば，プロセスの要素が入力に対してどのように応答して出力が得られるかがわかり，複雑な要素が組み合わされたプロセスを一つの伝達関数で書き表すことも可能である．プロセスを制御するためのコントローラの特性も伝達関数で表現される．プロセス制御では，目標値の変更や外乱が与えられた際に，制御量を目標値に一致させる，つまり偏差をゼロにすることが目的なので，コントローラはうまく信号を送ることができるように設計される．

　上に述べたブロック線図では，伝達関数をブロックとして考えて，それらを結合して入力と出力の関係を表している．図9.6 (p.114) で示したフィードバック系のブロック線図を，伝達関数 $G_c(s), G_a(s), G_p(s)$, $H(s)$ を使って表すと*，図9.13のようになる．

* ここでは，添字の c, a, p には意味がなく，単に関数の形が異なることを示す記号である．

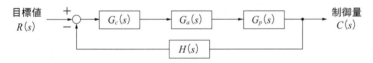

図9.13　伝達関数で表したフィードバック制御系のブロック線図

　ブロック線図は等価交換のルールを使えば一つにまとめることができる．図9.14にはブロック線図を構成する部品を示し，図9.15では部品を結合する等価交換の方法を説明する．

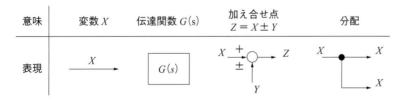

図9.14　ブロック線図を構成する部品

第 9 章　プロセス制御

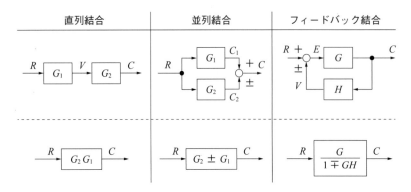

図 9.15　ブロック線図の基本的な結合方法

【例題 9.5】下図の入力 $R(s)$ から出力 $C(s)$ までを一つのブロック図にまとめよ．

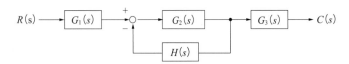

【解】フィードバックのある $G_2(s)$ と $H(s)$ を一つのブロックに変換して直列に接続する．

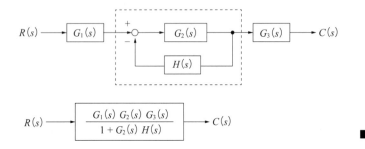

9.10　PID 制御

　プロセス制御に最も広く用いられるコントローラは PID コントローラで，偏差をなくすために，比例，積分，微分の演算によって制御を行う．これらの三つの演算による制御はそれぞれ比例動作，積分動作，微分動作と呼ばれ，PID 制御とはこれらの三つの機能を備えたコントローラによる制御である．

　PID コントローラは常に三つの動作を働かせるのではなく，必要に

PID
　PID とは，三つの動作を英語で表すときの頭文字の P (proportional)，I (integral)，D (differential) である．

応じてP動作だけ，P動作とI動作の組み合わせ，またはP動作とD動作との組み合わせというように，切り換えることができる．

PIDコントローラをブロック線図で表すと**図9.16**のように描ける．三つの動作は，それぞれ異なる伝達関数をもっている．この図では比例動作，積分動作，微分動作をわかりやすく表現するため，伝達関数を t 領域で書き表している．

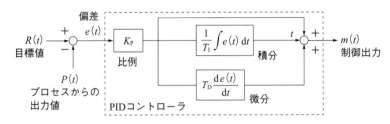

図9.16　PID制御のブロック線図

この線図を見れば，偏差の $e(t)$ を打ち消すためのコントローラからの出力，つまり制御量（制御出力ともいう）$m(t)$ を得るためには，信号の経路は四つ，すなわち ①P動作のみ，②P動作＋I動作，③P動作＋D動作，④P動作＋I動作＋D動作であることがわかる．

ここで $e(t)$ から $m(t)$ に至る信号の伝達を式で表すと，

$$m(t) = K_\mathrm{P}\left\{e(t) + \frac{1}{T_\mathrm{I}}\int e(t)\,dt + T_\mathrm{D}\frac{de(t)}{dt}\right\} \quad (9.21)$$

K_P：比例ゲイン，T_I：積分時間，T_D：微分時間，$e(t)$：偏差

となり，表9.1のラプラス変換を用いて表すと

$$M(s) = K_\mathrm{P}\left(1 + \frac{1}{T_\mathrm{I}s} + T_\mathrm{D}s\right)E(s) \quad (9.22)$$

となる．技術者はすぐれた制御を行うために，状況に応じて制御動作の組み合わせと，各動作のパラメータである $K_\mathrm{P}, T_\mathrm{I}, T_\mathrm{D}$ の値を選択する．

9.11　PID制御の各動作

9.11.1　比例動作

簡単化のために，時間に関して一定の偏差 $e(t)$ に対し，比例動作（P動作）のみで制御する場合を考える．比例動作とは出力を偏差に比例して変化させる制御動作であり，偏差が大きいほど強く制御が働く．ブロック線図は**図9.17**のようになり，比例動作の伝達関数は，比例ゲインと呼ばれる定数 K_P で表される．t 領域で表すとき，制御出力 $m(t)$

第9章　プロセス制御

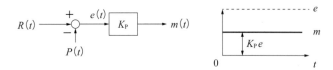

図9.17　比例動作

は時間とともに$K_P e$の一定値となる．

9.11.2　積分動作

積分動作（I動作）は，入力を時間に対して積分していったものを出力するものである．仮に入力が時間に関して一定の大きさの偏差$e(t)$であるとき，制御を始めてからの時間が長くなると制御出力の値は次第に大きくなり，偏差をゼロに近づける動きを強める．この関係を図9.18に示す．

この動作によって制御対象の出力が変化し，時間が経つとともに偏差が小さくなっていけば，積分値の増分も小さくなり制御出力は一定値に近づいてやがて偏差がゼロとなる．これ以上の時間積分してもゼロであるので，制御出力の値はある一定値で保たれる．偏差が時間とともに小さくなってゼロに近づく場合の制御出力の変化を図9.19に示す．

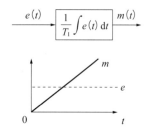

図9.18　積分動作

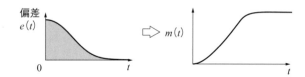

図9.19　積分動作によりゼロに近づく偏差に対応する制御出力の時間変化

9.11.3　微分動作

微分とは，ある量が時間的に変化する割合，すなわち速度を表している．時間とともに一定の速度で変化する偏差$e(t)$を入力すると，制御出力はその速度に比例した値となる．時間に対する入力変化が大きいほど，大きな制御出力となる．偏差が激しく時間変動する場合には，微分動作（D動作）が与える制御出力は大きくなって，偏差の動きを抑えるように働く（図9.20）．

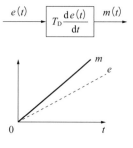

図9.20　微分動作

9.12 PID 動作による制御

ここでは，ある装置を PID 制御のうちで P 動作のみで制御した場合と，P 動作と I 動作を組み合わせた制御を行った場合について，ラプラス変換を使い，どのように制御させるかを調べる．ここで，ある装置はむだ時間 + 1 次遅れの伝達関数をもつとする．

9.12.1 比例動作のみによる制御

1 次遅れ + むだ時間の伝達関数をもつ装置を，比例ゲイン K_P をもつコントローラで制御する場合のブロック線図を図 9.21 に示す．この図では信号の表記を t 領域ではなく s 領域で行う．s 領域では大きさ 1 のステップ変化が $1/s$ で与えられ，設定値をステップ変化させたときに目標値はどうなるかを調べる．

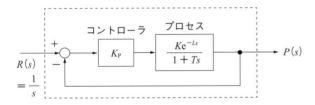

図 9.21 比例動作のみでの 1 次遅れ + むだ時間のプロセス制御

図 9.21 の破線で囲まれた部分のブロック線図を図 9.15 の方法を使って一つにまとめ，入力と出力の関係を表す数式をつくる．

$$P(s) = \frac{K_P \dfrac{K e^{-Ls}}{1 + Ts}}{1 + K_P \dfrac{K e^{-Ls}}{1 + Ts}} \left(\frac{1}{s}\right) \tag{9.23}$$

ある時刻で設定値を変化させた後，十分に時間が経った後の出力を調べるには，ラプラス変換の表 9.1 ⑤ で学んだ最終値の定理を用いる．この定理は，t 領域において $t = \infty$ における値は，s 領域で s を掛けてから $s \to 0$ としたものに等しいことを示している．また $s \to 0$ とするとき，e^{-Ls} の値が 1 になることを使う．出力の最終値は次式で与えられる．

$$\lim_{t \to \infty} P(t) = \lim_{s \to 0} s P(s) = \frac{K K_P}{1 + K K_P} \tag{9.24}$$

偏差は入力と出力の差であり，ステップ入力は t 領域では 0 から 1 への変化であった．偏差を調べると，

第9章 プロセス制御

$$1 - \frac{KK_P}{1+KK_P} = \frac{1}{1+KK_P}$$

となり，ゼロとはならない．これは，比例動作だけでは，一定値には到達するものの目標値には到達できないことを表す．これを制御では「**オフセット**（**定常偏差**）（offset）が出る」という．例として出力 $P(t)$ の時間変化を**図9.22**に示す．

図9.22 P動作のみによる制御で現れるオフセット

9.12.2 PI動作

次に，装置をP動作にI動作を加えたコントローラで制御する場合を考える．I動作は偏差をゼロに近づける働きをもつので，P動作で見られたオフセットをなくすことができる．P動作の場合と同様に，ブロック線図を**図9.23**に示し，ステップ入力が加わった場合の出力を調べよう．

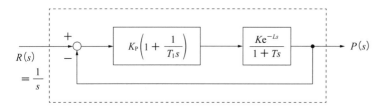

図9.23 PI動作でのプロセス制御のブロック線図

$$P(s) = \frac{K_P\left(1+\frac{1}{T_I s}\right)\frac{Ke^{-Ls}}{1+Ts}}{1+K_P\left(1+\frac{1}{T_I s}\right)\frac{Ke^{-Ls}}{1+Ts}}\left(\frac{1}{s}\right) \tag{9.25}$$

$$P(s) = \frac{K_P(T_I s+1)\frac{Ke^{-Ls}}{1+Ts}}{T_I s + K_P(T_I s+1)\frac{Ke^{-Ls}}{1+Ts}}\left(\frac{1}{s}\right) \tag{9.26}$$

最終値の定理を適用して，時間が経った後の出力を調べる．

$$\lim_{t\to\infty} P(t) = \lim_{s\to 0} sP(s) = \frac{KK_P}{KK_P} = 1 \tag{9.27}$$

$P(t)$ の値は1になり，t 領域でのステップ入力は s 領域では0から1への変化なので，偏差は $1-1=0$ となり，オフセットがなくなった．出力 $P(t)$ の時間変化を図9.24に示す．

9.12.3 PID動作

次にD動作を加えると，入力値の時間速度が大きいほど制御出力が大きくなり，速く目標値に達する．制御の結果の概念図を図9.25に示す．PID動作では，PI動作で制御した場合よりも応答速度が大きくなっていることがわかる．

以上をまとめると，PID制御は現在の偏差に比例した制御出力を与えるP動作と，偏差の発生時点である過去から現在までの情報に基づいた制御出力を与えオフセットを取り除くI動作，現在から将来の偏差の変化を予測して制御出力を与えるD動作という，過去，現在，未来の視点をすべて含む制御といえる．三つの動作の強さとバランスは，パラメータによって容易に調整できることから，プロセス制御で最も広く使われる制御法になっている．

本章では簡単化のため，制御の安定性に関する説明を省略した．制御について深く学びたい方は，成書を参照いただきたい．

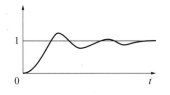

図9.24　PI動作での制御

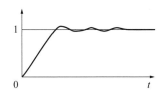

図9.25　PID動作での制御

演習問題

9.1 以下の文章の下線部に入る適切な語句を示せ．
　化学製品を製造するプロセスではプロセス制御が行われており，制御量として，組成，_____，_____などが測定され，目標値と制御量の差である_____をゼロに近づける制御が行われている．この制御方法のうちで代表的なものは_____制御である．

9.2 実験装置の中に小部屋があり，空気が一定流量で導入され，同じ流量で排出される．小部屋の内部の空気はよく混合され，熱が壁から外に逃げている．この空間を一定温度に保つため，空気入口にヒーターが取り付けられ，内部の熱電対温度計*からの信号が制御装置に入り，制御装置はヒーターに供給する電流量を調整している．以下の問いに答えよ．

(1) 熱電対温度計から出力されるのは，どのような信号か．

(2) 制御量と操作量をそれぞれ答えよ．

　* 熱電体温時計とは工業用の温度センサーである．2種の金属線の先端の溶融部で発生する熱起電力により金属線間に生じる電圧差が生まれる．温度と電圧差との対応関係から電圧差を読み取ることで温度を測定できる．

9.3 $f(t) = e^{-at}$ (a は定数) のラプラス変換を求めよ．

9.4 $G(s) = 2/(1+5s)$ の伝達関数に，$f(t) = 1$ のステップ入力が加わるとき，以下の問いに答えよ．

(1) 出力の大きさは何倍となるか．

(2) 最終値すなわち時間 t が ∞ となったときの出力の63％に達するのに要する時間はいくらか．

9.5 $F(s) = \dfrac{2}{(s+1)(s+3)}$ のラプラス逆変換を求めよ．

9.6 下図の入力 $R(s)$ から出力 $C(s)$ までを一つの伝達関数にまとめよ．

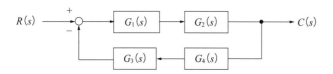

Column

制御が活躍するロボット・自動運転と化学工業

制御といえばロボットや自動車の自動運転が思い浮かび，化学工業では大型装置がパイプで複雑に接続された工場が想起される．これらの制御では，用いられる式がよく似ているものの，時定数が大きく異なるという特徴がある．

ロボットや自動運転では空間的な位置や姿勢を高速に制御する必要があり，時定数は1秒よりはるかに短い．これらの制御では物を瞬時に動かすためにアクチュエータとしてモーターが使われ，各部での独立性が高い．一方，化学工業では，液体や気体が大きい装置の中を流れて，加熱，冷却や反応が行われるので，時定数は時間あるいは日という単位になることもある．また，原料がさまざまな装置を流れて最後に製品として取り出されるので，個々の装置での制御とともに，プロセスの全体をうまく動作させる制御も求められる．アクチュエータはバルブがほとんどで，バルブ開度が電気信号で調整される．

自動運転や化学工業の制御の両方で，AI制御の導入が進んでいる．AIの特徴は，モデルと呼ばれる，現象を表す数式を必要としないことで，勘と経験に基づく熟練者による制御を人なしで実現できる．モデルに基づく制御に比べ，制御手法が分析しにくく，信頼性を保証しにくいという欠点もあるが，学習条件を適切に設定し，学習量を増やすことで，数式化しにくい熟練者の技を再現できれば有益である．

参　考　書

1) 化学工学会 編:『化学工学 −解説と演習−(改訂第3版)』，朝倉書店 (2008)．全般が
カバーされ，例題と演習問題は実践的．

2) 小野木克明・田川智彦・小林敬幸・二井 晋:『化学プロセス工学』化学の指針シリー
ズ，裳華房 (2007)．本書より少し専門的．

3) 草壁克己・外輪健一郎:『はじめて学ぶ 化学工学』，工業調査会 (2006)．初学者向け．

4) 林 順一・堀河俊英:『ビギナーズ 化学工学』，化学同人 (2013)．

5) 化学工学会高等教育委員会 編:『はじめての化学工学 −プロセスから学ぶ基礎−』，丸善
(2007)．

6) 化学工学会教科書委員会 編:『実例で学ぶ 化学工学 −課題解決のためのアプローチ−』，
丸善出版 (2022)．基礎と実例が示されている．

7) 化学工学編修委員会 編:『化学工学入門』基礎シリーズ，実教出版 (1998)．化学装置
の図が豊富．

8) 石井宏幸・成瀬一郎・衣笠 巧・金澤亮一:『基礎からわかる 化学工学』物質工学入門
シリーズ，森北出版 (2020)．初学者向けで図とグラフが多い．

9) 一般社団法人日本機械学会 著『伝熱工学』JSME テキストシリーズ，日本機械学会
(2005)．本書より専門的，学部の基礎レベル．

10) 相原利雄:『伝熱工学』機械工学選書，裳華房 (1994)．大学院生，専門技術者向け．

11) 相原利雄:『エスプレッソ 伝熱工学』，裳華房 (2009)．初学者向け．

12) 西川兼康 監修／北山直方 著:『図解 伝熱工学の学び方』，オーム社 (1982)．イラス
トが理解を助ける．

13) 化学工学会分離プロセス部会 編:『分離プロセス工学の基礎』，朝倉書店 (2009)．本
書でカバーされていない分離の基礎．

14) 草壁克己・増田隆夫:『反応工学』，三共出版 (2010)．反応工学のエッセンスがうま
く解説されている．

15) 神田良照・鈴木道隆・椿 淳一郎:『入門 粒子・粉体工学 (改訂第2版)』，日刊工業
新聞社 (2016)．粉体工学の基礎．

16) 山本重彦・加藤尚武:『PID 制御の基礎と応用 (第2版)』，朝倉書店 (2005)．化学プ
ロセスの制御について基礎から実践まで．

17) 示村悦二郎:『自動制御とは何か』，コロナ社 (1990)．数式を使わない制御の説明．

演習問題解答

第1章 化学工学とは

1.1 未知数として 95 wt% エタノールの流量を $x\,\mathrm{kg\,s^{-1}}$,純水の流量を $y\,\mathrm{kg\,s^{-1}}$ として収支式を立てる.この場合には蓄積がないので槽への流入量 = 流出量となる.

$$\text{全量収支}\quad x + y = \frac{10}{60}$$

$$\text{エタノール収支}\quad 0.95x + 0 = \frac{(0.75)\,(10)}{(60)}$$

これを解いて $x = 0.13$,$y = 0.037$

よって,75 wt% エタノール $0.13\,\mathrm{kg\,s^{-1}}$,純水を $0.037\,\mathrm{kg\,s^{-1}}$ で供給すべきである.

1.2 水の質量流量を求める.$(1000)\,Q\,\mathrm{kg\,s^{-1}}$,15 wt% NaCl 水溶液の流量単位を変換すると,$40/3600 = 0.011\,\mathrm{kg\,s^{-1}}$ となる.点線の囲みで NaCl の流入量 = 流出量の収支をとる.

$$\text{NaCl 収支}\quad 1000\,Q \times 0 + (0.15)\,(0.011) = (0.01)\,(1000\,Q + 0.011)\qquad Q = 1.54 \times 10^{-4}\,\mathrm{m^3\,s^{-1}}$$

1.3 湿り材料 500 kg が乾き固体 $x\,[\mathrm{kg}]$ と水分 $y\,[\mathrm{kg}]$ から成るので,$500 = x + y$,乾量基準で 8 wt% であるので $0.08 = y/x$,2式を連立して解けば,$x = 463$,$y = 37$ と求まる.除くべき水の量を $z\,[\mathrm{kg}]$ とすれば $(37 - z)/463 = 0.003$ となり,これを解けば $z = 35.6$,したがって除くべき水の量は 35.6 kg である.

1.4 液相で反応させるので反応前後での体積変化は非常に小さく,濃度を物質量に相当する量として扱っても問題ない.限定反応成分を決めるには,A の物質量に対する各成分の物質量の比を求めて化学量論比と比較する.成分 B について,

$$\frac{C_{B0}}{C_{A0}} = \frac{500}{200} = 2.5$$

A に対する B の化学量論比は $2/1 = 2$ であり,B は過剰にあるため A が限定反応成分である.

成分 A の反応率 x_A は定義より $(C_{A0} - C_A)/C_{A0}$ であるので,

$$0.6 = \frac{200 - C_A}{200}$$

を解いて C_A は $80\,\mathrm{mol\,m^{-3}}$ と求まる.

成分 B,C,D の濃度を求めるには,反応によって消失する成分 A の物質量と化学量論式から考えるとよい.成分 A の消失量は $(200)\,(0.6) = 120\,\mathrm{mol\,m^{-3}}$ である.成分 B はこの 2 倍消失するので,残存量は $500 - (2)\,(120) = 260\,\mathrm{mol\,m^{-3}}$ である.成分 C は成分 A の消失量に対応する量の $120\,\mathrm{mol\,m^{-3}}$ 生成するので,残存量は $0 + 120 = 120\,\mathrm{mol\,m^{-3}}$ である.成分 D は成分 A の消失量の 2 倍に対応する量の $240\,\mathrm{mol\,m^{-3}}$ 生成するので,残存量は $400 + 240 = 640\,\mathrm{mol\,m^{-3}}$ である.以上をまとめて,$C_B = 260\,\mathrm{mol\,m^{-3}}$,$C_C = 120\,\mathrm{mol\,m^{-3}}$,$C_D = 240\,\mathrm{mol\,m^{-3}}$ となる.

1.5 (1) NH_3 と O_2 の量論比は 4:5 なので,反応を完全に進行させるのに必要な O_2 流量を $x\,[\mathrm{mol\,h^{-1}}]$ とすれば,$4:5 = 100:x$.これを解いて $x = (500)/(4) = 125$,$125\,\mathrm{mol\,h^{-1}}$ となり 20% 過剰なので,$(125)\,(1.2) = 150$,$150\,\mathrm{mol\,h^{-1}}$ が必要な酸素流量である.

(2) NH_3,O_2 のモル質量はそれぞれ 17,$32\,\mathrm{g\,mol^{-1}}$ である.NH_3 と O_2 のモル流量はそれぞれ $40/17 = 2.35\,\mathrm{kmol\,h^{-1}}$,$100/32 = 3.13\,\mathrm{kmol\,h^{-1}}$.限定反応成分を決めるにあたり,$NH_3$ 量に対する各成分量の比をとる.

$$\frac{\text{NO}(O_2)}{\text{NO}(NH_3)} = \frac{3.13}{2.35} = 1.33$$

量論比 $O_2/NH_3 = 1.25$ なので O_2 は過剰. したがって NH_3 が限定反応成分である. NO の流量は NH_3 の供給モル流量と等しいので $2.35\,\text{kmol}\,\text{h}^{-1}$, NO のモル質量は $30\,\text{g}\,\text{mol}^{-1}$. よって

$$(2.35)(30) = 70.5\,\text{kg}\,\text{h}^{-1}$$

第2章 熱・物質・運動量の移動現象と流束

2.1 ① 乾いた空気がTシャツに接触する面積を大きくするため.

② 風 (動いている空気) により, Tシャツの布表面での境膜厚みが小さくなるため. 室内では乾燥の進行とともに空気中の湿度が高くなり, 室外よりも乾燥の推進力が小さくなるため.

③ 雨の日は晴れの日よりも空気中の湿度が高く, 乾燥の推進力が小さくなるため.

④ 温風を当てることは, 水蒸気の空気中移動における境膜厚みを小さくすることと, 乾燥の推進力を大きくすることの両方の効果がある.

2.2 グルコースは赤血球の表面を通って内部に移動した. グルコースの減少量は

$$\left(\frac{400}{1000}\right)(0.3 - 0.28) \times 10^{-3} = 8.0 \times 10^{-6}\,\text{mol}$$

赤血球の表面積は $(2.0 \times 10^{-10})(10^6) = 2.0 \times 10^{-4}\,\text{m}^2$

この移動が1時間で生じたので平均のグルコース移動流束は

$$\frac{(8.0 \times 10^{-6})}{(2.0 \times 10^{-4})(60)} = 6.67 \times 10^{-4}\,\text{mol}\,\text{m}^{-2}\,\text{s}^{-1}$$

となる.

2.3 (1) 正解は a), 気体物質の拡散係数のオーダーは $10^{-6}\,\text{m}^2\,\text{s}^{-1}$

液体物質の拡散係数のオーダーは $10^{-9}\,\text{m}^2\,\text{s}^{-1}$ である.

(2) 正解は c), 拡散係数は小さい物質ほど大きく, 温度が高いほど大きい.

2.4 成立する. 電流は1秒間に導体を流れる電荷の数で大きさが決まる. オームの法則は電流を I, 電圧を V, 抵抗を R で書けば $I = V/R$ である. この式は, 電流 I が V に比例し, その比例定数は $1/R$ と読める. 抵抗の逆数は電荷の流れやすさを表すため, 熱伝導の場合の熱伝導のしやすさを表す熱伝導率と対応している. V は電荷を動かす "力" と見ることができるので, 熱移動の場合の温度差, 物質移動の場合の濃度差のように, 電位差である. 電流は導体中を流れるので, 導体の単位断面積あたりの電流量を考えれば, 電流は (電荷の数)/{(導体断面積)(時間)} となり, 電流の流束と見ることができる.

第3章 伝 熱

3.1 $\lambda = 0.1\,\text{W}\,\text{m}^{-1}\,\text{K}^{-1}$

(1) 壁の厚みは $10 \times 10^{-3} = 10^{-2}\,\text{m}$ なので, 式 (3.2) より $q = (0.1)(308 - 273)/(10^{-2}) = 350$, $350\,\text{W}\,\text{m}^{-2}$

(2) 放熱量 Q は $qA = (350)(25) = 8.75 \times 10^3\,\text{W}$

3.2 水から管壁への対流伝熱, 管壁内の伝導伝熱と管壁から空気への対流伝熱が直列している. 熱伝達係数として, 水中と空気中をそれぞれ $h_1, h_2\,[\text{W}\,\text{m}^{-2}\,\text{K}^{-1}]$ とする. 管長1mあたりの管の内表面積を $A_1\,[\text{m}^2]$, 外表面積を $A_2\,[\text{m}^2]$ とする. 管壁厚みは $(0.5)(70 - 50) = 10\,\text{mm} = 10 \times 10^{-3}\,\text{m}$.

円管の壁を通過する熱透過抵抗では, 各伝熱経路での伝熱面積が異なることが特徴である.

水から管内壁では A_1, 管外壁から空気までは A_2, 管壁の内部では A_1 と A_2 の対数平均面積 A_{lm} である

演習問題解答

$$A_{\mathrm{lm}} = \frac{A_2 - A_1}{\ln\left(A_2/A_1\right)} \quad \text{で定義される.}$$

管の外表面積基準の総括熱伝達係数を K とすれば，式 (3.22) の R は次式で表される.

$$R = \frac{1}{KA_2} = \frac{1}{h_1 A_1} + \frac{10^{-2}}{46\,A_{\mathrm{lm}}} + \frac{1}{h_2 A_2}$$

$$A_2 = (0.07)\,\pi\,(1) = 0.220\,\mathrm{m^2}, \quad A_2 = (0.05)\,\pi\,(1) = 0.157\,\mathrm{m^2}$$

$$A_{\mathrm{lm}} = \frac{0.220 - 0.157}{\ln(0.220/0.157)} = 0.187\,\mathrm{m^2}$$

$$\frac{1}{KA_2} = \frac{1}{(4.8 \times 10^3)\,(0.22)} + \frac{10^{-2}}{(46)\,(0.187)} + \frac{1}{(120)\,(0.22)} = 4.00 \times 10^{-2}$$

これより，$K = 1.13 \times 10^2\,\mathrm{W\,m^{-2}\,K^{-1}}$

3.3 (1) ステファン-ボルツマンの法則

(2) ① 4 ② 1 ③ 波長 ④ 単色放射エネルギー流束あるいは単色放出能 ⑤ $\mathrm{W\,m^{-3}}$

3.4 熱交換量 $Q\,[\mathrm{W}]$ を水の温度上昇から求める．水の流量が $500\,\mathrm{kg\,h^{-1}} = 500/3600 = 0.139\,\mathrm{kg\,s^{-1}}$ であるので，

$$Q = (4.20 \times 10^3)\,(0.139)\,(333 - 303) = 1.75 \times 10^4\,\mathrm{W}$$

油出口の温度 $T\,[\mathrm{K}]$ を求める．油流量 $650\,\mathrm{kg\,h^{-1}} = 650/3600 = 0.181\,\mathrm{kg\,s^{-1}}$

$$Q = (1.89 \times 10^3)\,(0.181)\,(393 - T)$$

を解いて，$T_{\mathrm{h,out}} = 342\,\mathrm{K}$ とわかる.

(1) 向流では熱交換器の一端での油と水の温度差 $\Delta T_1 = T_{\mathrm{h,out}} - T_{\mathrm{c,in}}$ は $342 - 303 = 39\,\mathrm{K}$，別の端での温度差 $\Delta T_2 = T_{\mathrm{h,in}} - T_{\mathrm{c,out}}$ は $393 - 333 = 60\,\mathrm{K}$ となり，

$$\text{対数平均温度差 } T_{\mathrm{lm}} = \frac{(60 - 39)}{\ln(60/39)} = 48.7\,\mathrm{K} \text{ である.}$$

式 (3.24) より，$(1.751 \times 10^4) = (465) \cdot A_1 (48.7)$ より，向流での必要伝熱面積 A_1 は $0.77\,\mathrm{m^2}$ となる.

(2) 一方並流では，熱交換器の一端の温度差 $\Delta T_1 = T_{\mathrm{h,in}} - T_{\mathrm{c,in}}$ は $393 - 303 = 90\,\mathrm{K}$ で，別の端での温度差 $\Delta T_2 = T_{\mathrm{h,out}} - T_{\mathrm{c,out}}$ は $342 - 333 = 9\,\mathrm{K}$ となり，

$$\text{対数平均温度差 } T_{\mathrm{lm}} = \frac{90 - 9}{\ln(90/9)} = 35.2\,\mathrm{K} \text{ である.}$$

式 (3.24) より $(1.751 \times 10^4) = (465) \cdot A_2 (35.2)$ で，これを解くと並流での必要伝熱面積 A_2 は $1.1\,\mathrm{m^2}$ となる. (1) と (2) を比較すると，同じ温度差で運転する場合に向流とすることで伝熱面積を小さくでき，装置がコンパクトになることがわかる.

第4章 流 動

4.1 管断面積は $\dfrac{\pi(50 \times 10^{-3})^2}{4} = 1.96 \times 10^{-3}\,\mathrm{m^2}$

体積流量は $(2.5)\,(1.96 \times 10^{-3}) = 4.9 \times 10^{-3}\,\mathrm{m^3\,s^{-1}}$

質量流量は $(900)\,(4.9 \times 10^{-3}) = 4.4\,\mathrm{kg\,s^{-1}}$ となる.

4.2 (1) 式 (4.6) より，異径管では体積流量 Q 一定であるので，管①の径 D_1，管②の径 D_2 とおけば

$$\left(\frac{\pi D_1{}^2}{4}\right) \cdot U_1 = \left(\frac{\pi D_2{}^2}{4}\right) \cdot U_2$$

$$U_1 = \left(\frac{D_2}{D_1}\right)^2 \cdot U_2 \quad \text{となる.}$$

$$U_1 = \left(\frac{50}{80}\right)^2 \cdot (2.8) = 1.1\,\mathrm{m\,s^{-1}} \quad \text{である.}$$

(2) 管 ① の断面積と U_1 を掛けると体積流量 $Q\,[\mathrm{m^3\,s^{-1}}]$ は

$$\left\{\frac{\pi\,(80\times10^{-3})^2}{4}\right\}(1.1) = 5.5\times10^{-3}\,\mathrm{m^3\,s^{-1}}$$

質量流量 $w\,[\mathrm{kg\,h^{-1}}]$ は水の密度が $10^3\,\mathrm{kg\,m^{-3}}$ なので

$$(5.5\times10^{-3})\,(10^3)\,(3600) = 1.98\times10^4\,\mathrm{kg\,h^{-1}}$$

4.3 (1) このときの管内での平均流量 $U\,[\mathrm{m\,s^{-1}}]$ を求める.

$$\text{管の断面積は} \quad \frac{\pi\,(60\times10^{-3})^2}{4} = 2.83\times10^{-3}\,\mathrm{m^2}$$

$$\frac{(0.120)}{(2.83\times10^{-3})\,(60)} = 0.71\,\mathrm{m\,s^{-1}}$$

円管内の層流における圧力損失は式 (4.15) のハーゲン-ポワズイユ式で求められる. 粘度を $\mu\,[\mathrm{Pa\,s^{-1}}]$ とすれば

$$(250\times10^3) = \frac{32\cdot\mu\cdot(400)}{(60\times10^{-3})^2}\,(0.71) \quad \text{これを解いて}$$

$$\mu = \frac{(250\times10^3)\,(60\times10^{-3})^2}{(32)\,(400)\,(0.71)} = 0.1\,\mathrm{Pa\,s} \quad \text{となる.}$$

(2) レイノルズ数は $\dfrac{(60\times10^{-3})\,(0.71)\,(850)}{(0.1)} = 362 \leqq 2300$ なので, 層流である.

4.4 (1) 式 (4.26) より, 圧力差 Δp は

$$\Delta p = (9.8)\,(1.58\times10^3 - 788)\,(26\times10^{-3}) = 202\,\mathrm{Pa}$$

となる.

(2) オリフィスメータの流束の式 (4.24) より

$$202 = \frac{788}{2}\cdot U_2{}^2\left\{1 - \frac{(30\times10^{-3})^4}{(60\times10^{-3})^4}\right\}$$

$$202 = (394)\cdot U_2{}^2 = (1 - 0.0625)$$

$$U_2 = 0.74\,\mathrm{m\,s^{-1}}$$

$$U_1 = U_2\frac{(30\times10^{-3})^2}{(60\times10^{-3})^2}$$

$$= (0.74)\,(0.25) = 0.185 = 0.19\,\mathrm{m\,s^{-1}} \quad \text{となる.}$$

第5章 反応工学入門

5.1 74.1 %

酸素の供給濃度は, $200\times0.21 = 42\,\mathrm{mol\,m^{-3}}$

二酸化硫黄と酸素の化学量論比 2：1 に対して, 供給量は 50：42 ＝ 2：1.68 なので, 二酸化硫黄が限定反応成分である. 二酸化硫黄を成分 A, 酸素を成分 B, 三酸化硫黄を成分 R とおく. 等温の気相反応なので, 表5.2 の非定容系の式に当てはめると,

133

演習問題解答

$$C_R = \frac{C_{R0} + (\nu_R/\nu_A) C_{A0} x_A}{1 + \varepsilon_A x_A}$$

$$x_A = \frac{C_R - C_{R0}}{(\nu_R/\nu_A) C_{R0} - \varepsilon_A C_R} = \frac{40 - 0}{(2/2) \times 50 - (-0.10 \times 40)}$$

$$= 0.741 = 74.1\ \%$$

5.2 $r_{NH_3} = -4r_1$, $r_{O_2} = -5r_1 - r_2$, $r_{NO} = 4r_1 - 2r_2 + r_3$, $r_{H_2O} = 6r_1 - r_3$, $r_{NO_2} = 2r_2 - 3r_3$, $r_{HNO_3} = 2r_3$

5.3

$$-r_A = \frac{k_1 k_3 C_{E0} C_A}{k_2 + k_1 C_A}$$

酵素基質複合体が酵素と生成物となる過程が律速段階なので，酵素と基質から酵素基質複合体を生成する反応とその逆反応とは平衡状態にある．すなわち，$r_1 = r_2$ なので，次式が成り立つ．

$$k_1 C_E C_A = k_2 C_{EA}$$

式 (5.43) を代入して C_{EA} について整理する．

$$C_{EA} = \frac{k_1 C_{E0} C_A}{k_2 + k_1 C_A}$$

これを式 (5.45) に代入すると，

$$-r_A = \frac{k_1 k_3 C_{E0} C_A}{k_2 + k_1 C_A}$$

5.4 3.8 倍

反応速度が 2 倍になったのは反応速度定数が 2 倍になったためである．したがって，アレニウスの式に $T_1 = 20\ ^\circ\text{C} = 293\ \text{K}$，$T_2 = 30\ ^\circ\text{C} = 303\ \text{K}$ を代入して活性化エネルギー E を求める．

$$E = -R \frac{\ln(k_2/k_1)}{1/T_2 - 1/T_1} = -8.314 \times \frac{\ln 2}{1/303 - 1/293} = 5.12 \times 10^4\ \text{J mol}^{-1}$$

$T_3 = 40\ ^\circ\text{C} = 313\ \text{K}$ における反応速度定数 k_3 は，

$$\frac{k_3}{k_1} = \exp\left[-\frac{E}{R}\left(\frac{1}{T_3} - \frac{1}{T_2}\right)\right] = \exp\left[\frac{5.12 \times 10^4}{8.314}\left(\frac{1}{313} - \frac{1}{293}\right)\right] = 3.8\ \text{倍}$$

5.5 180 分後

定容系なので反応速度式は，

$$-r_A = k C_A{}^2 = k C_{A0}{}^2 (1 - x_A)^2$$

これを定容回分反応器の設計方程式 (5.56) に代入して積分すると，

$$t = \frac{1}{k C_{A0}} \int_0^{x_A} \frac{dx_A}{(1 - x_A)^2} = \frac{x_A}{k C_{A0}(1 - x_A)}$$

$$t_2 = \frac{(1 - x_{A1}) x_{A2}}{x_{A1}(1 - x_{A2})} t_1 = \frac{(1 - 0.60) \times 0.90}{0.60 \times (1 - 0.90)} \times 30 = 180\ \text{min}$$

5.6 1.5 m³

例題 5.4 より，液相 1 次反応の定容回分反応器の設計方程式を用いて，

$$k = -\frac{1}{t}\ln(1 - x_A) = -\frac{1}{10 \times 60}\ln(1 - 0.40) = 8.51 \times 10^{-4}\ \text{s}^{-1}$$

例題 5.6 より，液相 1 次反応の連続槽型反応器の設計方程式を用いて，

134

$$\tau = \frac{V}{v_0} = \frac{x_A}{k\,(1-x_A)} = \frac{0.90}{8.51 \times 10^{-4} \times (1-0.90)} = 1.06 \times 10^4 \text{ s}$$

$$V = \tau v_0 = 1.06 \times 10^4 \times \frac{2.0}{3600} = 5.9 \text{ m}^3$$

5.7 0.25 倍

題意より，$\delta_A = \dfrac{-\nu_A + \nu_R}{\nu_A} = \dfrac{-1+2}{-1} = 1.0$

最初の原料は $y_{A0} = 1.0$ なので，$\varepsilon_A = \delta_A\, y_{A0} = 1.0 \times 1.0 = 1.0$

混合ガスでは $y_{A0}{}' = 0.50$ なので，$\varepsilon_A{}' = \delta_A\, y_{A0}{}' = 1.0 \times 0.50 = 0.50$

例題 5.8 より，気相 1 次反応の管型反応器の設計方程式を用いて，

$$\tau = \frac{V}{v_0} = -\frac{(1+\varepsilon_A)\ln(1-x_A) + \varepsilon_A\, x_A}{k}$$

$$v_0 = -\frac{kV}{(1+\varepsilon_A)\ln(1-x_A) + \varepsilon_A\, x_A}$$

したがって，

$$\frac{v_0{}'}{v_0} = \frac{(1+\varepsilon_A)\ln(1-x_A) + \varepsilon_A\, x_A}{(1+\varepsilon_A{}')\ln(1-x_A{}') + \varepsilon_A{}'\, x_A{}'}$$

$$= \frac{(1+1.0) \times \ln(1-0.45) + 1.0 \times 0.45}{(1+0.50) \times \ln(1-0.90) + 0.50 \times 0.90} = 0.25 \text{ 倍}$$

第 6 章　蒸　留

6.1 この混合物の沸点を仮定して，表 6.1 のアントワン式により各成分の蒸気圧を求める．蒸気相の分圧の和が 101.3 kPa になるように沸点を試行錯誤により求めると，357.1 K となる．このときの計算過程を以下の表に示す．

仮定した温度 [K]	水の蒸気圧 [kPa]	メタノール蒸気圧 [kPa]	101.3 kPa との差
357.3	55.921	209.145	0.588
357.2	55.701	208.420	0.216
357.1	55.481	207.696	-0.154
357	55.263	206.975	-0.524
356.9	55.045	206.256	-0.892
357.14	55.569	207.985	-0.006

このときの蒸気中のメタノール組成は 61.6 mol% となる．

6.2 (1) $y = \dfrac{1.26\, x_A}{1 + 1.26\, x_A}$

(2) 図解法もしくは操作線の式として，点 $(0.5, 0.5)$ を通り傾き -2 の直線の式である $y = -2x + 1.5$ と (1) の式の交点の座標を求めることで，ベンゼンの留出液組成 64 mol%，缶出液組成 36 mol% となる．

6.3 方針は蒸収塔の入量と出量で物質収支をとることである．

留出液流量を $D\,[\text{kg h}^{-1}]$，缶出液流量を $W\,[\text{kg h}^{-1}]$ とすると，

全量収支は $700 = D + W$，エタノールの収支は

135

$$(700)(0.5) = (0.95)D + (0.05)W$$

となる．連立方程式を解くと，

$$D = 357.6 \text{ kg h}^{-1}, \quad W = 342.4 \text{ kg h}^{-1}$$

と求まる．

6.4 x-y 線図を描き，図上でマッケイブ-シーレ法を行う．題意より点 Z を $(0.5, 0.5)$ に，点 D を $(0.9, 0.9)$ に，点 W を $(0.05, 0.05)$ にとる．$R = 0.5$ なので濃縮部の操作線の切片は $0.9/(5+1) = 0.15$ となる．点 D を起点として切片 0.15 を通る直線が濃縮部の操作線である．原料が沸点の液なので，q 線は点 Z を通り y 軸に平行な線である．濃縮部の操作線と q 線との交点が原料供給段となり，交点より右側が濃縮部，左側が回収部となる．交点と点 W を結ぶ直線が回収部の操作線となる．それぞれの操作線と平衡曲線との間の領域で，点 D から階段作図を行って所要段数を求めると 7.3 段となる（作図の精度により多少の差が出る）．

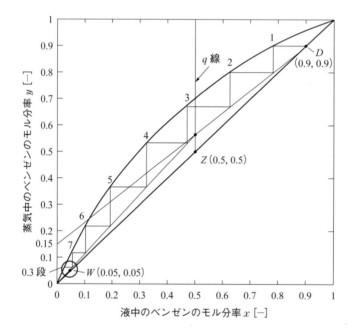

第 7 章 ガス吸収

7.1 $K = 4.04 \times 10^9$ Pa, $m = 3.99 \times 10^4$

理想気体とすれば空気中の酸素のモル分率 $y = 0.21$ なので，酸素分圧 $p = Py = (101.3 \times 10^3)(0.21) = 2.13 \times 10^4$ Pa である．また，水の全モル濃度 $C_T = (997)/(18.0 \times 10^{-3}) = 5.54 \times 10^4$ mol m^{-3} である．式 (7.2) より，

$$H = \frac{p}{C} = \frac{2.13 \times 10^4}{0.292} = 7.29 \times 10^4 \text{ Pa m}^3 \text{ mol}^{-1}$$

式 (7.3) より，

$$K = C_T H = (5.54 \times 10^4)(7.29 \times 10^4) = 4.04 \times 10^9 \text{ Pa}$$

$$m = \frac{K}{P} = \frac{4.04 \times 10^9}{101.3 \times 10^3} = 3.99 \times 10^4$$

7.2 3.22×10^{-3} kmol m^{-3}

演習問題解答

300 K における CO_2 のヘンリー定数は,

$$\ln\left(\frac{K}{165.8}\right) = 29.319\left(1 - \frac{298.15}{300}\right) + (-21.669)\ln\left(\frac{300}{298.15}\right) + 0.3287\left(\frac{300}{298.15} - 1\right)$$

したがって, $K = 174.1\,\text{MPa}$ である. CO_2 の分圧 p は,

$$p = Py = (101.3)(0.100) = 10.13\,\text{kPa} = 1.013 \times 10^{-2}\,\text{MPa}$$

液相中の CO_2 のモル分率 x は,

$$x = \frac{p}{K} = \frac{1.013 \times 10^{-2}}{174.1} = 5.818 \times 10^{-5}$$

水の全モル濃度 C_T は水の分子量 M と密度 ρ から,

$$C_T = \frac{\rho}{M} = \frac{997.0}{18.02} = 55.33\,\text{kmol m}^{-3}$$

これより, 水中の CO_2 濃度 C は,

$$C = C_T x = (55.33)(5.818 \times 10^{-5}) = 3.22 \times 10^{-3}\,\text{kmol m}^{-3}$$

7.3 $15.8\,\text{mol\%}$

理想気体とすれば, 不活性ガス流量は

$$v_i = (1 - y)v = (1 - 0.200)(800) = 640\,\text{m}^3\,\text{h}^{-1}$$

である. 状態方程式より,

$$G_i S = \frac{Pv_i}{RT} = \frac{(101.3 \times 10^3)(640)}{(8.31)(300)} = 2.60 \times 10^4\,\text{mol h}^{-1} = 26.0\,\text{kmol h}^{-1}$$

である. 水の流量は

$$L_i S = \frac{w}{M} = \frac{600}{18} = 33.3\,\text{kmol h}^{-1}$$

である. 塔頂, 塔底のガス濃度は,

$$X_1 = \frac{x_1}{1 - x_1} = \frac{0.200}{1 - 0.200} = 0.250, \quad X_2 = \frac{x_2}{1 - x_2} = \frac{0.0100}{1 - 0.0100} = 0.0101$$

塔頂水濃度は $Y_2 = 0$ なので,

$$X_1 = \frac{G_i S(Y_1 - Y_2)}{L_i S} + X_2 = \frac{26.0(0.250 - 0.0101)}{33.3} + 0 = 0.187$$

$$x_1 = \frac{X_1}{1 + X_1} = \frac{0.187}{1 + 0.187} = 0.158 = 15.8\,\text{mol\%}$$

7.4 $5.8\,\text{m}$

総括物質移動容量係数 $K_y a$ は,

$$K_y a = \frac{1}{1/k_y a + m/k_x a} = \frac{1}{1/275 + 2.4/1760} = 200\,\text{mol m}^{-3}\,\text{s}^{-1}$$

$$H_{OG} = \frac{G}{K_y a} = \frac{240}{200} = 1.2\,\text{m}$$

題意より, 塔底液濃度 $x_1 = 0.0080$, 塔頂液濃度 $x_2 = 0$ なので,

$$y_1{}^* = mx_1 = 2.5 \times 0.0080 = 0.020, \quad y_2{}^* = mx_2 = 2.5 \times 0 = 0$$

$$(y - y^*)_{lm} = \frac{(y_1 - y_1{}^*) - (y_2 - y_2{}^*)}{\ln\left\{(y_1 - y_1{}^*)/(y_2 - y_2{}^*)\right\}} = \frac{(0.040 - 0.020) - (0.0020 - 0)}{\ln\left\{(0.040 - 0.020)/(0.0020 - 0)\right\}}$$

137

$$= 0.00782$$
$$N_{\text{OG}} = \frac{y_1 - y_2}{(y - y^*)_{\text{lm}}} = \frac{0.040 - 0.0020}{0.00782} = 4.86$$

以上より,
$$Z = H_{\text{OG}} N_{\text{OG}} = 1.2 \times 4.86 = 5.8\,\text{m}$$

第 8 章　流体からの粒子分離

8.1 $\dfrac{\sum\limits_{i=1}^{n} n_i x_i^4}{\sum\limits_{i=1}^{n} n_i x_i^3} = \dfrac{\sum\limits_{i=1}^{n} \{x_i \cdot (n_i x_i^3)\}}{\sum\limits_{i=1}^{n} n_i x_i^3}$ を求める.

$$\sum_{i=1}^{3} n_i x_i^3 = 10 \times 1^3 + 20 \times 2^3 + 15 \times 3^3 = 575$$

$$\sum_{i=1}^{3} \{x_i \cdot (n_i x_i^3)\} = 1 \cdot (10 \times 1^3) + 2 \cdot (20 \times 2^3) + 3 \cdot (15 \times 3^3) = 1545$$

$$\therefore \frac{\sum\limits_{i=1}^{3} \{x_i \cdot (n_i x_i^3)\}}{\sum\limits_{i=1}^{3} n_i x_i^3} = \frac{1545}{575} = 2.69\,\text{mm}$$

8.2 例題 8.2 の解法にならって解き進める.

粒子径範囲 [mm]	粒子重量 [g]	区間の中央値 [μm]	$Q(x)$ [%]	$q(x)$ [% μm^{-1}]
0〜20	5	10	10	0.5
20〜40	27	30	32	1.1
40〜80	42	60	74	1.05
80〜120	23	100	97	0.575
120〜200	3	160	100	0.0375

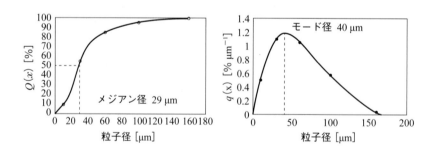

8.3 この粒子周りの流れがストークス域にあると仮定してストークス径を $x\,[\text{m}]$ とおく.
沈降速度 $3.7\,\text{cm}\,\text{s}^{-1} = 3.7 \times 10^{-2}\,\text{m}\,\text{s}^{-1}$ で,式(8.18) より

$$(3.7 \times 10^{-2}) = \frac{x^2(2500 - 920)(9.8)}{(18)(0.080)}$$

これを解いて $x = 1.85 \times 10^{-3}\,\text{m}$ となる.
粒子レイノルズ数は

$$\mathrm{Re_p} = \frac{(1.85\times 10^{-3})(3.7\times 10^{-2})(920)}{(0.080)}$$

$\mathrm{Re_p} = 0.787 < 2$ なので，ストークス域にあるとした仮定は正しい．

8.4 粒子周りの流れがストークス域にあると仮定する．水の密度を $1000\,\mathrm{kg\,m^{-3}}$，粘度を $0.001\,\mathrm{Pa\,s}$ とすれば，

$$x \geq \sqrt{\frac{(18)(0.001)(1500/3600)}{(2500-1000)(9.8)(3)(10)}}$$

これを解いて $x \geq 1.3\times 10^{-4}\,\mathrm{m}$

最小粒子径は $130\,\mathrm{\mu m}$ である．

8.5 時間あたりのろ液量 $(\mathrm{d}V/\mathrm{d}t)$ が一定のろ過は定速ろ過と呼ばれる．題意より $\mathrm{d}V/\mathrm{d}t = (10)/(10) = 1\,\mathrm{m^3\,min^{-1}}$．10分間で定速ろ過により到達した圧力を $p_1\,[\mathrm{Pa}]$ とすれば，仮に圧力 p_1 で定圧ろ過を行った場合に10分間で $10\,\mathrm{m^3}$ のろ液を得たときと同じケーク量になる．したがって，定圧ろ過式，式(8.32) より V_m は無視できるので

$$\frac{\mathrm{d}t}{\mathrm{d}V} = \frac{2V}{KA^2} \qquad KA^2 = 10^6\,\mathrm{m^3\,min^{-1}}$$

定圧ろ過式を，定圧ろ過期間で積分すると，

$$\int_{V_1}^{V_2} 2V\,\mathrm{d}V = KA^2 \int_{t_1}^{t_2} \mathrm{d}t$$
$$V_2^2 - V_1^2 = KA^2(t_2 - t_1)$$
$$V_2^2 - 10^2 = (20)(15)$$
$$V_2 = 20\,\mathrm{m^3}$$

これより，定圧期間で得られたろ液量は $20 - 10 = 10\,\mathrm{m^3}$ となる．

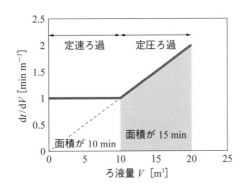

8.6 ケーク体積を $V_\mathrm{c}\,[\mathrm{m^3}]$，平均空隙率を $\varepsilon\,[-]$ とおく．ケーク中粒子重量 $51.3\times 10^{-3}\,\mathrm{kg}$，ケーク中水重量 $37.1\times 10^{-3}\,\mathrm{kg}$ である．

ケーク体積 V_c 中の水の体積，$V_\mathrm{c}\varepsilon = \dfrac{37.1\times 10^{-3}}{1000} = 3.71\times 10^{-5}$

ケーク体積 V_c 中の粒子の体積，$V_\mathrm{c}(1-\varepsilon) = \dfrac{51.3\times 10^{-3}}{2600} = 1.97\times 10^{-5}$

2式を連立して解けば，平均空隙率 $\varepsilon = 0.653$ となる．

演習問題解答

第9章　プロセス制御

9.1 …… 制御量として，組成，<u>温度，流量，圧力</u> などが測定され，目標値と制御量の差である <u>偏差</u> をゼロに近づける …… 代表的なものは <u>フィードバック</u>制御 である．（最後の下線部は，PID 制御でも正解．）

9.2 (1) 温度に対応する電圧　　(2) 制御量：室温　操作量：ヒータへの供給電流

9.3 表 9.2 の ④ 指数関数の公式から $F(s) = \dfrac{1}{s+a}$ となる．

9.4 (1) $f(t) = 1$ のステップ入力は s 領域では $\left(\dfrac{1}{s}\right)$ なので，出力 $Y(s)$ は $\left(\dfrac{2}{1+5s}\right) \cdot \left(\dfrac{1}{s}\right)$ となる．これを部分分数に展開すると，$Y(s) = \dfrac{2}{s} - \dfrac{2}{s+1/5}$ となり，ラプラス逆変換により，t 領域では $y(t) = 2\left\{1 - \exp\left(-\dfrac{t}{5}\right)\right\}$ と表されるので，2 倍となる．

(2) (1) の $y(t) = (2)(0.63) = 1.26$ を満たす時間 t は 5 s となる．

9.5 部分分数に展開する．

$F(s) = \dfrac{2}{(s+1)(s+3)}$ を，定数 A, B を用いて $F(s) = \dfrac{A}{s+1} + \dfrac{B}{s+3}$ とおき，A と B を求める．

$F(s)$ の分子は $(s+3)A + (s+1)B$ となり，整理すると，$(A+B)s + 3A + B$ となる．これが 2 に等しいことから，$A+B = 0$，$3A+B = 2$ の 2 式が得られる．これを解いて $A = 1$，$B = -1$ となる．これより $F(s) = \dfrac{1}{s+1} - \dfrac{1}{s+3}$ となり，ラプラス変換表より $f(t) = \mathrm{e}^{-t} - \mathrm{e}^{-3t}$ となる．

9.6 伝達関数の G_1 と G_2，G_3 と G_4 をそれぞれ直列結合してからフィードバック結合の公式を使うと，以下のように一つの伝達関数にまとめられる．

$$1 + \frac{G_1 G_2}{1 + G_1 G_2 G_3 G_4}$$

索　引

ア

I 動作　124
IPCC　96
アクチュエータ　113
圧力損失　48
アナロジー　21
アレニウスの式　66
アレニウスプロット　66
アレン域　103
アントワン式　78
アントワン定数　78

イ

1 次遅れ系　119
移動現象論　14,24
移動単位数　94
移動単位高さ　94
移動量　14
inert 流速　92
インパルス関数　117

ウ

ウィーンの変位則　34
運動量濃度　20
運動量流束　19,21

エ

AI 制御　128
SI　1
s 領域　115
円相当径　98

オ

押出し流れ　58
押出し流れ反応器　58
オーダー　17
オフセット　126
オリフィスメータ　52
温度境界層　30
温度効率　39

カ

灰色体　34
階段作図　84
回分操作　3,57
回分反応器　57,68
外乱　111
化学量論式　8,56
可逆反応　56

角関係　35
拡散　16
拡散係数　16
拡散律速　16
ガス吸収　88
活性化エネルギー　66
活量係数　79
カーボンニュートラル　96
管型反応器　57,71
干渉沈降　102
慣性力　2
完全混合　12
完全混合流れ　58
管摩擦係数　51
還流　81
還流比　83

キ

気液界面　90
気液比　78
気液平衡　77
気候変動に関する政府間
　パネル　96
擬塑性流体　45
基本単位　1
吸収率　33
q 線　84
球相当径　98
q 値　84
強制対流　29
共沸混合物　77
境膜　90
キルヒホッフの（熱放射
　の）法則　33,35
均一反応　57

ク

空間時間　69,73
空塔速度　92
グラスホフ数　32
クロスフローろ過　105

ケ

系　111
形態係数　35
ゲイン　119
限定反応成分　9,59

コ

工学的な係数　30
向流　38,92
国際単位系　1
黒体　33
黒体放射の法則　33
個数平均径　100
固体触媒反応　57
コールブルックの式　51
コンデンサー　82

サ

最終値の定理　116
最小還流比　86

シ

CSTR　69
CO_2 回収・貯留　96
次元　2
次元式　2
CCS　96
CCU　96
自触媒反応　73
指数関数　117
システム　111
自然対流　29
実験式　2
質量　4
質量流量　5
時定数　119
自動運転　128
射出能　33
射出率　34
収支　3
収支式　3
自由体積　18
周長円相当径　98
充填高さ　94
充填塔　91
充填物　91
終末沈降速度　103
収率　9
主流　29
蒸気圧　78
蒸留　77

ス

推進力　90
水素エネルギー　76

水素ステーション　76
ステップ関数　117
ステップ状の変化　112
ステファン-ボルツマン
　定数　34
ステファン-ボルツマン
　の法則　34
ストークス域　103
ストークスの式　103
ストークスの抵抗法則
　103
スラリー　105

セ

制御　111
清澄化　104
積算分布　99
積分動作　124
設計方程式　67
全還流　86
選択率　9
せん断応力　44
せん断速度　44
せん断力　44
全放射エネルギー流束　34
全放射率　34
栓流　58

ソ

槽型反応器　57
総括伝達係数　37
総括熱伝達係数　37
総括物質移動係数　91
相関式　31
操作線　83,95
操作量　111
相対揮発度　78
相当径　98
　円——　98
　　周長——　98
　　面積——　98
　　球——　98
　　　体積——　98
　　　表面積——　98
　　　　比——　98
層流　45
速度境界層　29
組成　4
素反応　56,63

141

索　引

タ

対数平均　95
対数平均温度差　31
体積　4
体積球相当径　98
体積濃度　4
体積平均径　100
代表粒子径　97
タイライン　95
ダイラタント流体　45
滞留時間　11
対流伝熱　29
対流伝熱係数　30
多段操作　81
多段連続槽型反応器
　（多段 CSTR）　70
多分散　99
単位　1
単位系　1
単一反応　8,56
単色吸収率　35
単色射出能　33
単色射出率　34
単色放射エネルギー流束
　33
単色放射率　34
単分散　99

チ

逐次反応　10,56
チャネリング　91
中間生成物　64
沈降分離　102

テ

定圧回分反応器　68,69
定圧ろ過　106
（ルースの）定圧ろ過係数
　107
抵抗係数　102
抵抗法則　103
抵抗力　43,48,102
定常状態　5,26,67
定常状態近似法　64
定常偏差　126
D 動作　124
定方向径　97
定容回分反応器　68
定容系　59
t 領域　115
手がかり物質　5,6
転化率　8,59
伝達関数　118

伝導伝熱　15,25
伝熱抵抗　37

ト

等価交換　121
透過率　33
動特性　114,117
動粘度　19

ナ

長さ平均径　100

ニ

二重管型熱交換器　7,38
二重境膜説　90
ニュートン域　103
ニュートンの粘性法則
　19,21,44
ニュートンの冷却法則　30
ニュートン流体　44

ヌ

ヌッセルト数　31

ネ

熱拡散率　22
熱貫流　37
熱貫流率　37
熱交換　37
熱交換器　7,38
熱交換量　39
熱通過　37
熱通過抵抗　37
熱通過率　37
熱伝達　29
熱伝達係数　30
熱伝達抵抗　31
熱伝達率　30
熱伝導　25
熱伝導度　15,25
（フーリエの）熱伝導の
　法則　15,21,25
熱伝導率　15,25
熱放射　33
（キルヒホッフの）熱放射
　の法則　33,35
熱流束　15,21,25,26
粘性　19,43
粘性係数　19,43
（ニュートンの）粘性法則
　19,21,44
粘性力　2
粘度　19,43

ノ

濃縮部の操作線　83
濃度　4

ハ

焙焼　92
ハーゲン–ポワズイユの
　法則　49
バッチ　5
半回分操作　4,57
半回分反応器　57
反射率　33
反応器　67
反応次数　63
反応速度　62
反応速度式　63
反応速度定数　63,66
反応率　8,59
反応律速　16

ヒ

PID　122
PID コントローラ　122
PID 制御　122
BR　68
PFR　58,71
P 動作　123
ヒストグラム　100
非等温操作　60
ピトー管　53
非ニュートン流体　45
比表面積球相当径　98
比表面積系　98
微分動作　124
微分方程式　114
百分率　4
表面積球相当径　98
比例動作　123
ビンガム流体　45
頻度因子　66
頻度分布　99

フ

ファインバブル　110
ファニングの式　50
フィックの法則　17,21
フィードバック制御　114
フェレー径　97
不可逆反応　56
不活性成分　8,59
不均一反応　57
複合単位　2
複合反応　8,56

ふく射伝熱　32
物質移動係数　90
物質移動抵抗　91
物質移動容量係数　94
物質移動流束　16,21
物質量　4
物質量増加率　60
沸騰　77
物理量　1
ブラシウスの式　51
フラッシュ蒸留　80
フラッディング　95
プランクの（黒体放射の）
　法則　33
プラントル–カルマンの
　1/7 乗則　50
プラントル数　31
フーリエの（熱伝導の）
　法則　15,21,25
ふるい分け　99
プロセス　111
フローチャート　5
ブロック図　5
ブロック線図　5,111,118
分率　4

ヘ

平均（粒子）径　100
　個数――　100
　体積――　100
　長さ――　100
　面積――　100
平均ろ過比抵抗　106
平衡線　95
並流　38,92
並列反応　9,56,63
ベーパーチャンバー　42
ベルヌーイの式　48
ベンゼン–トルエン系　78
ヘンリー定数　88
ヘンリーの法則　88
偏流　91

ホ

ポイズ　19
放射エネルギー流束　33
放射伝熱　32
放射率　34

マ

マイクロリアクター　57
マッケイブ–シーレ法　84
マノメータ　53

索　引

ミ
密度　43

ム
無次元数　2
むだ時間　116,119

メ
メジアン径　100
面積円相当径　98
面積平均径　100

モ
モデル化　90
モード径　100
モル　4
モル数　4
モル流量　5

ユ
誘導単位　1

ヨ
溶液の全モル濃度　88
溶解度　88

ラ
ラウールの法則　78
ラプラス変換　115
ランプ関数　117
乱流　45

リ
理想溶液　78
律速段階近似法　64,65
リービッヒ冷却器　7
リボイラー　82
粒子　97

粒子関連
粒子径　97
粒子径分布　99
粒子の沈降　102
粒子レイノルズ数　102
流束　14,25,89
流速　14
流体　43
流体解析シミュレーション
　ソフト　55
流動　43
量論式　56
理論段　84
理論段数　85

ル
ルースの定圧ろ過係数
　107
ルースプロット　107

レ
（ニュートンの）冷却法則
　30
レイノルズ数　2,45,100
　粒子——　102
連続槽型反応器　57,69
連続操作　4,57
連続多段蒸留　81
連続の式　47

ロ
ろ過　105
ろ過圧力　105
ろ過ケーク　105
ろ過速度　105
ろ過抵抗　105
ろ過粘度　105
ろ材　105
ロボット　128

著者略歴

二井 晋
名古屋大学大学院工学研究科博士課程後期課程修了．鹿児島大学理工学域工学系理工学研究科工学専攻教授．専門は分離と界面現象．博士（工学）

小林 敬幸
名古屋大学大学院工学研究科博士課程後期課程中途退学．名古屋大学大学院工学研究科化学システム工学専攻准教授．専門はエネルギー工学，熱化学プロセス．博士（工学）

向井 康人
名古屋大学大学院工学研究科博士課程後期課程修了．信州大学繊維科学研究所教授．専門は固液分離，膜分離．博士（工学）

橋爪 進
豊橋技術科学大学大学院工学研究科博士後期課程修了．奈良工業高等専門学校電子制御工学科教授．専門はシステム工学．博士（工学）

衣笠 巧
名古屋大学工学部卒業．新居浜工業高等専門学校生物応用化学科教授．専門は分離工学．博士（工学）

スッキリわかる 化学工学

2024年11月25日　第1版1刷発行

検印省略	著作者	二井 晋
		小林敬幸　向井康人
定価はカバーに表示してあります．		橋爪 進　衣笠 巧
	発行者	吉野和浩
	発行所	東京都千代田区四番町8-1 電話　03-3262-9166（代） 郵便番号　102-0081 株式会社　裳華房
	印刷所	中央印刷株式会社
	製本所	牧製本印刷株式会社

一般社団法人
自然科学書協会会員

JCOPY〈出版者著作権管理機構 委託出版物〉
本書の無断複製は著作権法上での例外を除き禁じられています．複製される場合は，そのつど事前に，出版者著作権管理機構（電話03-5244-5088，FAX 03-5244-5089, e-mail: info@jcopy.or.jp）の許諾を得てください．

ISBN 978-4-7853-3529-8

Ⓒ 二井 晋・小林敬幸・向井康人・橋爪 進・衣笠 巧, 2024　　Printed in Japan

化学の指針シリーズ

各A5判

【本シリーズの特徴】
1. 記述内容はできるだけ精選し，網羅的ではなく，本質的で重要な事項に限定した．
2. 基礎的な概念を十分理解させるため，また概念の応用，知識の整理に役立つよう，演習問題を設け，巻末にその略解をつけた．
3. 各章ごとに内容にふさわしいコラムを挿入し，学習への興味をさらに深めるよう工夫した．

化学環境学
御園生 誠 著　252頁／定価 2750円

錯体化学
佐々木陽一・柘植清志 共著
264頁／定価 2970円

化学プロセス工学
小野木克明・田川智彦・小林敬幸・二井 晋 共著
220頁／定価 2640円

分子構造解析
山口健太郎 著　168頁／定価 2420円

生物有機化学
－ケミカルバイオロジーへの展開－
宍戸昌彦・大槻高史 共著
204頁／定価 2530円

高分子化学
西 敏夫・讃井浩平・東 千秋・高田十志和 共著
276頁／定価 3190円

有機反応機構
加納航治・西郷和彦 共著
262頁／定価 2860円

量子化学
－分子軌道法の理解のために－
中嶋隆人 著　240頁／定価 2750円

有機工業化学
井上祥平 著　248頁／定価 2750円

超分子の化学
菅原 正・木村榮一 共編
226頁／定価 2640円

触媒化学
岩澤康裕・小林 修・冨重圭一
関根 泰・上野雅晴・唯 美津木 共著
256頁／定価 2860円

物性化学
－分子性物質の理解のために－
菅原 正 著　276頁／定価 3520円

※価格はすべて税込（10%）

裳華房ホームページ　https://www.shokabo.co.jp/